Die Jungfischaufzucht mit Zooplankton

Institut für Fischforschung

Volker Steiner
Martin Hochleithner

Die Jungfischaufzucht mit Zooplankton

Entwicklungen und Erkenntnisse

AquaTech
Publications

Impressum

Cover: *Epinephelus tauvina* (D15) + *Artemia salina* (PL2)
Photo: Volker Steiner
Design: Martin Hochleithner

AquaTech Publications
Unterbrunnweg 3
6370 Kitzbühel/Austria

http://www.aqua-tech.eu
http://www.aquatech.8m.com
http://www.aquaculture-com.net

Printed in Germany by:
Books on Demand GmbH
ISBN 978-3-902855-22-0

Inhalt

Vorwort

Volker „Guggi“ Steiner ist leider plötzlich und unerwartet verstorben (siehe Nachwort). Die Herausgabe dieses Buches war jedoch seit einigen Jahren geplant und das Manuskript dazu auch schon größtenteils verfasst. Es fehlte jedoch noch einiges an Daten und Ergebnissen, sowie Durchsicht und Überarbeitung von seiner Seite.
Nach reiflicher Überlegung habe ich mich daher entschlossen, das Vorhaben soweit es mir möglich war in seinem Sinne fertigzustellen und zu veröffentlichen. Dementsprechend konnte ich hier nicht auf alle seine Arbeiten mit Zooplankton oder Jungfischen zurückgreifen und musste auch auf seine reiche Erfahrung bei der Endkorrektur verzichten.
So wurde unter anderem auch ein Brutschrank- bzw. -turm mit einzeln versorg- und herauszieh- bzw. schwenkbaren Erbrütungseinsätzen, ein Rundbecken mit wasserbetriebenem Reinigungsmechanismus über und unter dem Bodensieb, sowie eine Planktonsonde mit mehreren Turbinenpumpen entwickelt und gebaut (siehe Abb.), die alle aus verschiedenen Gründen nicht weiter verfolgt wurden.
Dieses Buch muss sich daher auf die wesentlichen Entwicklungen beschränken, wie Planktonfangnetze, Planktonfutterautomaten, Netzgehege und Lichtfallen. Von den vielen Aufzuchtversuchen wurden die Ergebnisse und Erfahrungen mit ausgewählten Arten vorgestellt, darunter u.a. Aalrutten und Äschen, Seeforellen und Seesaiblinge sowie Wolfsbarsche und Zackenbarsche. Dabei wurde versucht, diese Daten möglichst umfassend, aber dennoch kompakt zu präsentieren.
Die fortlaufende Darstellung ist dabei nicht exakt chronologisch, denn häufig wurde an mehreren Projekten und Entwicklungen gleichzeitig gearbeitet, wie etwa anfangs zunächst an Planktonnetzen und Planktonautomaten, später an Netzgehegen und Lichtfallen, und schließlich an Siebnetzen und Probenetzen, sie gibt aber im Großen und Ganzen doch die zeitliche Abfolge der Arbeiten und der daraus abgeleiteten Erkenntnisse wieder, da diese aufeinander aufbauen.
Die meisten Experimente wurden vor längerer Zeit durchgeführt, manche Datensätze sind nicht mehr aktuell, einige der Erkenntnisse inzwischen auch schon überholt, doch viele Ergebnisse sind selbst heute noch sehr interessant; einige Berichte wurden noch nie veröffentlicht. Manche Entwicklungen und Erkenntnisse sind nach wie vor beachtenswert, und gelten immer noch als fortschrittlich in der Aufzucht von Jungfischen mit Zooplankton.
Die Publikation dieser Erfindungen und Ergebnisse ist daher durchaus von Bedeutung für die Aquakultur und erfolgt im Gedenken an einen einzigartigen Planktonforscher und außergewöhnlichen Fischbiologen: Volker „Guggi“ Steiner.

Martin Hochleithner

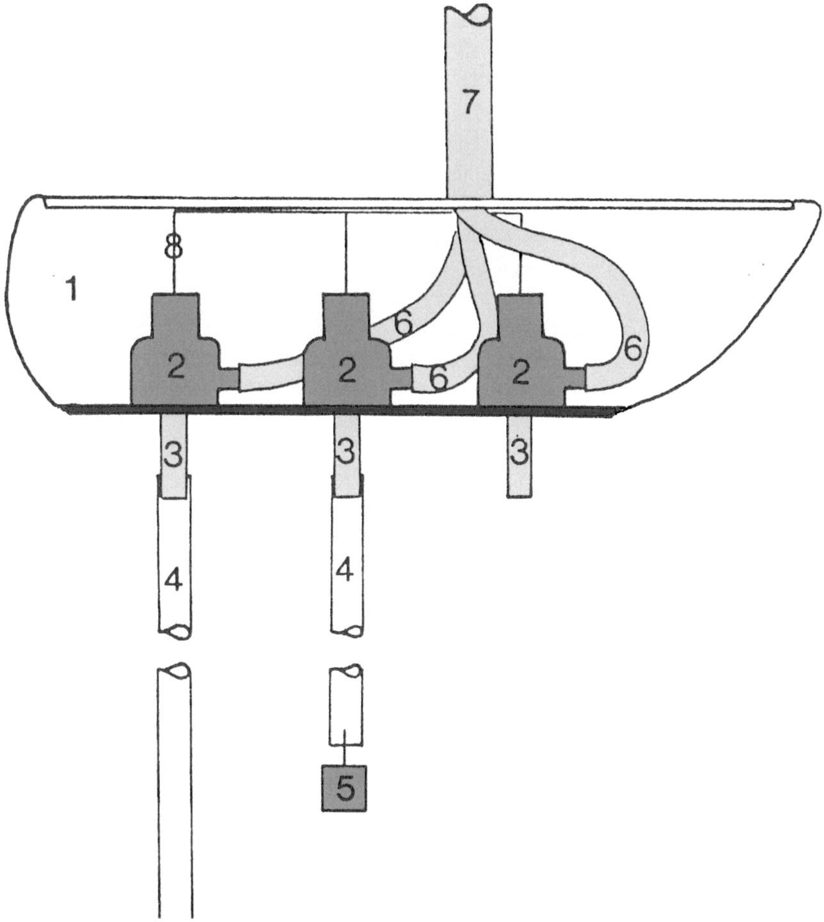

Planktonsonde mit 3 Pumpen und Ansaugschläuchen bis zu 20 m Wassertiefe (Prototyp)

Zeichenerklärung:
1 – Schwimmkörper (GFK), 2 – Turbinenpumpe (12-24 V), 3 – Anschlussstutzen (PVC), 4 – Ansaugschlauch (PVC), 5 – Tiefengewicht (max. 5 kg), 6 – Förderschlauch (PVC), 7 – Anschlussrohr (PVC), 8 – Stromleitung (12-24 V);

Danksagung

An den Planktonfängen und/oder der Fischaufzucht haben vor allem die folgenden Personen mitgearbeitet: Vinzenz Bammer, Siegfried Baumgartner, Martin Bösenecker, Gregor K. Cimarolli, Josef Deiser, Karl Gruber, Reinhold Hanel, Oswald Hopfensperger, Manfred Kletzl, Josef Klingenschmid, Franz Koch, Hansjörg Kraus, Wolfram Lassnig, Nikolaus Medgyesy, Martin Müller, Burkhard Schlemmer, Nikolaus Schotzko, Volkmar Steger, und Ewald Steiner. Zu deren Seen, Eigentum oder Rechten haben speziell die folgenden Personen Zugang gewährt: Martin Bösenecker (Bodensee), Werner Ernst (Heiterwangersee), Nikolaus Höplinger (Wolfgangsee), Erwin Ruprechter und Anton Kandler (Achensee), Christian Kapeller (Wallersee), Hans Reichl (Mondsee), und Ewald Steiner (Plansee). Ihnen allen sei an dieser Stelle besonders gedankt.

Ein Dank geht an das „Bundesministerium für Wissenschaft und Forschung“ (Republik Österreich) bzw. dem „Fonds zur Förderung der wissenschaftlichen Forschung“ für die Finanzierung der früheren Planktonprojekte (TD1 und P4996), welche die Grundlage für einen Teil dieser Arbeiten waren. Ein Dank geht weiteres an das “Primary Production Department” (Republic of Singapore) und den Mitarbeitern der “Marine Aquaculture Section” (speziell Leslie J. Cheong) für deren Unterstützung und Gastfreundschaft während der Arbeiten mit Planktonfallen und der Aufzucht von Zackenbarschen. Gedankt werden soll auch dem “Bundesamt für Wasserwirtschaft” (Republik Österreich) und der Belegschaft des “Institutes für Gewässerökologie, Fischereibiologie und Seenkunde” (speziell Erich Kainz und Manfred Kletzl) für deren Bereitschaft und Zusammenarbeit bei der Vermehrung von Aalrutten und der Durchführung der Untersuchungen des Verdauungstrakts vieler Larven. Ein Dank noch an das „Konsortium Zeller-/Irrsee“ und den „Fischereiverein Attersee“, sowie die „Agrargemeinschaft Weissensee“ für die Aufträge zur quantitativen Erfassung des Zooplanktons, was zur Entwicklung der Planktonprobenetze geführt hat. Für die langjährige Kooperation und Beteiligung bei der Herstellung von verschiedensten Prototypen und zahlreichen Sonderanfertigungen von Gazenetzen sei schließlich vor allem den Firmen „KOHLA“ (Österreich) und „SEFAR“ (Schweiz) gedankt.

Besonders zu danken ist Gernot Langes-Swarovski für die finanzielle Unterstützung der gesamten Arbeiten auf der Insel Santa Cristina in der Lagune von Venedig sowie mit den Planktonfallen und Zackenbarschen in Singapur. Ein herzlicher Dank gilt nicht zuletzt Nikolaus Schotzko für einige der Daten und Tabellen sowie die hilfreiche Korrektur des Manuskripts.

Einleitung

Plankton ist die Sammelbezeichnung für eine Vielzahl von Meeres- und Süßwasserorganismen mit fehlender oder geringer Eigenbewegung, die im Wasserkörper treiben bzw. schweben. Im Gegensatz zum Nekton kann das Plankton Strömungen des Wassers nicht überwinden. Bei Formen, die aktiv beweglich sind, kann das Absinken in einem gewissen Umfang durch Eigenbewegung kompensiert werden. Durch die Einlagerung leichter Stoffe (Fette, Gase) verringern die Organismen ihre Dichte. Die relative Oberfläche der Organismen spielt ebenfalls eine Rolle für deren Schwebfähigkeit; diese kann durch die Ausbildung von Körperfortsätzen (Antennen, Borsten) erhöht werden. Die großräumige Verteilung der Planktonorganismen hängt somit primär von Gezeiten und Strömungen ab, da sie zu klein oder zu schwach sind, um gegen Strömungen zu schwimmen.

Beim sogenannten Holoplankton läuft der gesamte Lebenszyklus im freien Wasserkörper (Pelagial) ab. Als Meroplankton bezeichnet man jene Planktonformen, bei denen nur bestimmte Lebensstadien pelagisch leben, wie z.B. Koralleneier, Muschel- und Krebslarven etc. Die Dichte des Planktons schwankt in Abhängigkeit von der Verfügbarkeit der Nährstoffe und von der Qualität des Wassers. Ein Liter Seewasser kann bis zu 500 Millionen Planktonlebewesen (Planktonten) enthalten. Plankton vermehrt sich manchmal so stark, dass es das Wasser verfärbt. Solch ein plötzlicher Populationsanstieg wird Planktonblüte genannt.

Das Plankton kann in folgende Größenklassen eingeteilt werden: Femtoplankton: <0,2 µm; Picoplankton: 0,2-2,0 µm; Nanoplankton: 2-20 µm; Mikroplankton: 20-200 µm; Mesoplankton: 0,2-20,0 mm, Makroplankton: 2-20 cm; und Megaplankton: 20-200 cm.

Gemäß der biologisch-systematischen Zuordnung unterscheidet man Phytoplankton und Zooplankton. Das Phytoplankton umfasst alle mikroskopisch kleinen Pflanzen, also ein- und mehrzellige, freischwebende Algen. Das Zooplankton umfasst ein- und mehrzellige Tiere, darunter insbesondere kleine Krebstiere, Quallen und Würmer, sowie die im Wasserkörper treibenden Eier und Larven vieler meeres- und süßwasserbewohnender Tierarten.

Das Phytoplankton ist das erste Glied in der Nahrungskette der Wasserlebewesen. Das Zooplankton ernährt sich wiederum zum großen Teil vom Phytoplankton und dient seinerseits größeren Tieren wie Fischen und sogar sehr großen Säugetieren (Walen) als Nahrung.

Die Planktonverteilung in einem Gewässer ist nicht homogen. Das Zooplankton hält sich oft in unterschiedlichen Bereichen im Wasserkörper auf. Wichtigste Ursache für Vertikalwanderungen (bis zu 60 m) ist der Wechsel der Lichtintensität im Laufe eines Tages.

Zooplankton (Crustaceenplankton)

Für Fische ist in erster Linie das Zooplankton von Bedeutung, und davon vor allem das Crustaceenplankton (Krebsplankton). Die winzigen frei schwebenden Krebstiere stellen den höchsten Biomasseanteil des Zooplanktons und sind für die meisten Fischarten in Seen und im Meer der wichtigste Bestandteil der Larvennahrung. Aus dem Crustaceenplankton wiederum sind Phyllopoden (Blattfußkrebse) und vor allem Copepoden (Ruderfußkrebse) und deren verschiedenen Larvenstadien (Nauplien, Copepodite etc.) besonders wichtige Nährtiere für Fische.

Natürliches Crustaceenplankton kann daher als optimales Startfutter für die meisten Meer- und Süßwasserfischarten betrachtet werden. In Österreich wird dieses natürliche Futter schon seit den 1940er Jahren erfolgreich und platzsparend für die intensive Aufzucht von Jungfischen in Becken eingesetzt (Einsele, 1949). In vielen anderen Ländern ist die Verwendung von Zooplankton aus natürlichen Gewässern als Fischfutter nur wenig verbreitet oder wird unter extensiven Bedingungen mit hohem Flächenaufwand in Teichen praktiziert (Tölg, 1981).

Dieses Buch beschäftigt sich vor allem mit der Gewinnung und Verwendung von Krebsplankton aus natürlichen Gewässern, für die kommerzielle Aufzucht von empfindlichen Süß- und Meerwasserfischen. Es ist das Ergebnis und die Erfahrung aus mehr als 30 Jahren an Forschung und Entwicklung.

Planktonfutterautomat

In den 1980er Jahren wurde für die gesteuerte Verfütterung von gefrostetem Zooplankton als Startfutter für die Aufzucht von Jungfischen ein spezieller zum Patent angemeldeter Futterautomat entwickelt.
Die folgende Information stammt aus der Patentschrift zu diesem Gerät (Steiner, 1987):
Die Erfindung betrifft ein Verfahren zur portionierten Fütterung von Fischen mit Plankton sowie eine Einrichtung zu dessen Durchführung.
Der Einsatz von konserviertem Plankton könnte die Aufzucht von heimischen Wirtschaftsfischen, etwa von Seesaiblingen, Regenbogenforellen und Zuchtformen der Bachforelle erheblich ökonomischer gestalten, als die derzeitige Fütterung mit lebendem Plankton, dessen Hauptnachteil in seiner sehr begrenzten Lagerfähigkeit auch bei Kühllagerung liegt. Bei Temperaturen von zirka -25 °C lässt sich Plankton jedoch ohne die Verwendung von Konservierungsmitteln und ohne besondere Qualitätsverluste bis zu einem Jahr lagern.
Die bisher verfügbaren Industriefuttermittel sind für die Aufzucht trotz niedrigerer Futterkosten nicht zufriedenstellend, da die Qualität der aufgezogenen Fische schlechter ist. Dies gilt insbesondere für so genannte „Problemfische“, wie etwa die Seesaiblinge. Es wurde unter anderem auch erkannt, dass das Risiko der Jungfischerkrankungen bei der Verfütterung von Plankton wesentlich vermindert werden kann.
Abschätzungen über Biomassen und Produktion von Plankton in österreichischen Seen weisen auf ein außerordentlich hohes Potential verfügbarer Planktonernten, vor allem in den Sommermonaten, hin. Diese im Bereich von tausenden Tonnen jährlich aus großen Seen verfügbaren Mengen stellen nicht nur eine wesentliche Voraussetzung für eine wirtschaftliche Planktongewinnung dar, sondern geben auch Anlass zu ernsthaften Überlegungen, durch Massenernten eine wirkungsvolle Nährstoffeliminierung als Beitrag zur Seenreinigung anzustreben.
Dabei wäre es auch ohne weiteres denkbar, eine Kombination der Fütterung mit Plankton und Industriefuttermittel vorzunehmen, wobei Plankton usw. während des ersten Lebensabschnittes eingesetzt wird. Dies allein würde sich bereits vorteilhaft auf die Qualität der aufgezogenen Fische auswirken. Bisher sind allerdings weder geeignete Verfahren noch geeignete Einrichtungen bekannt, die die Verfütterung von gefrorenem Plankton ermöglichen. Die Fütterung muss in kurzen Intervallen durchgeführt werden; auf Grund der kurzen Haltbarkeit aufgetauten Planktons führt die Zugabe von gefrorenen Blöcken in ein Aufzuchtbecken, die beispielsweise einer Tagesration entsprechen, zur unwirtschaftlichen Verwertung und zu erheblichen hygienischen Problemen.

Die Erfindung hat es sich daher zur Aufgabe gestellt, ein Verfahren und eine Einrichtung zu entwickeln, die eine optimierte Verwendung gefrorenen Planktons bei der Fischfütterung gestattet.
Erfindungsgemäß wird dies dadurch erreicht, dass von einem mehrere Fütterungsportionen umfassenden Vorrat von gefrorenem Plankton mittels Wasser die für die Fütterung benötigte Planktonmenge aufgetaut wird, und diese den gegebenenfalls auf mehrere Aufzuchtbecken verteilten Fischen zugespült wird.
Gemäß der Erfindung kann dieses Verfahren mit einer Einrichtung durchgeführt werden, die einen Kühlbehälter, der mittels eines Deckels verschließbar ist, einen Vorrat aufnehmenden Innenbehälter, eine Auftauwasserzufuhreinrichtung und einen Auslauf aufweist, von dem zumindest eine Leitung zu einem Aufzuchtbecken führt.
Den aufzuziehenden Fischen wird demnach in beliebig wählbaren Zeitabständen die pro Fütterung benötigte Planktonmenge zugeführt, wobei besonders wesentlich ist, dass das Plankton beim Eintritt in das Aufzuchtbecken nicht mehr gefroren, sondern aufgetaut ist, so dass die Fischnahrung bereits wieder die günstigste Fütterungstemperatur aufweist. Durch die exakte Dosierung wird eine wirtschaftliche Verwertung erreicht, und es verderben keine überschüssigen Planktonmengen im Aufzuchtbecken. Dadurch wird auch eine Verschmutzung des Beckenwassers und dadurch bedingte Erkrankungsgefahren vermieden. Die erfindungsgemäße Einrichtung weist des Weiteren einen sehr einfachen Aufbau auf, so dass für den Fischzüchter die Investitionen und die Betriebskosten in vertretbaren Grenzen bleiben.
Als Kühlbehälter eignen sich beispielsweise herkömmliche leistungsstarke Kleintiefkühlgeräte, die in einfacher Weise an die erfindungsgemäße Einrichtung adaptierbar sind. Derartige Tiefkühlgeräte sind mit einem Kühlaggregat ausgerüstet. Es hat sich aber gezeigt, dass bei ausreichender Wärmeisolierung und nicht zu großem Fassungsvermögen unter Anwendung von Kühlmitteln auch ohne Kühlaggregat das Auslangen gefunden werden könnte. Der das gefrorene Plankton aufnehmende Innenbehälter ist vorzugsweise austauschbar, so dass er auch als Transportbehälter vom Kühlhaus zur Fütterungseinrichtung verwendbar ist. Er kann weiters auch den Gefrierbehälter am Fangort bzw. Verarbeitungsort bilden.
In einer ersten Ausführung ist vorgesehen, dass der Auslauf des Innenbehälters in einen Verteilertopf eingesetzt ist, von dem mehrere sperrbare Leitungen in das Aufzuchtbecken führen. Diese Ausführung ist vor allem für Fischzuchtanlagen mit mehreren Aufzuchtbecken geeignet. Sie kann aber auch dort eingesetzt werden, wo der Besatz des Beckens stärkeren Schwankungen unterworfen ist, d.h. dass Fütterungsperioden mit stark unterschiedlichen Mengen auftreten, oder in Becken mehrere Fütterungseinlässe gewünscht werden.

Um eine Verlegung des Auslaufes mit teilgefrorenen Planktonbrocken oder anderen Ablagerungen zu vermeiden, ist weiters vorgesehen, dass der Auslauf von einem Siebboden überlagert ist. Die von Auftauwasser abgespülte Planktonmenge kann unter Umständen zu hohe Planktonkonzentrationen aufweisen. Andererseits könnte auch eine Eisbildung im Verteilerkopf auftreten. In beiden Fällen erweist es sich als günstig, wenn der Verteilerkopf aus einem Oberteil und einem Unterteil zusammengesetzt ist und der Oberteil einen sperrbaren Spülwasseranschluss aufweist. Über den sperrbaren Anschluss können einerseits zusätzliche Wassermengen der abgespülten Planktonmenge zugegeben werden, andererseits aber auch nach der Fütterung eine Durchspülung des Verteilerkopfes zur Vermeidung von Eisansätzen erfolgen. Vorteilhaft ist dabei, wenn der Verteilerkopf einen etwa kugelförmigen Innenraum aufweist.
Die Adaptierung von herkömmlichen Tiefkühlgeräten, insbesondere Tiefkühlboxen, wird vereinfacht, wenn die Auftauwasserzuführeinrichtung im Deckel des Kühlbehälters angeordnet ist und einen Spülkopf aufweist. In dieser Ausführung erweist es sich als vorteilhaft, das gefrorene Plankton in mehreren beispielsweise faustgroßen Brocken in den Innenbehälter einzufüllen. Andererseits kann die Auftauwasserzuführungseinrichtung auch im Behälterboden vorgesehen sein, beispielsweise in Form einer den Auslauf umgebenden Ringdüse, die von unten das oberhalb des Siebbodens liegende, gefrorene Plankton besprüht. Schließlich ist es auch denkbar, das Auftauwasser über den Spülwasseranschluss in den Oberteil des Verteilerkopfes auszuführen, wobei die Abspülung des gefrorenen Planktons durch Überstauung mit Wasser aus dem Verteilerkopf erfolgt. Für eine Automatisierung des Verfahrens ist weiters vorgesehen, dass sie eine Intervallsteuerung aufweist, die nach vorwählbaren Fütterungskriterien die Auftauwassermenge, die Spülwassermenge und die Abflussmenge der Leitungen in das oder die Aufzuchtbecken steuert.
Auf diese Weise kann beispielsweise ein viertelstündiges Fütterungsintervall eingestellt werden, das pro Fütterung, also alle 15 Minuten, 20 Gramm gefrorenes Plankton abtaut, wozu etwa 1 bis 3 Liter Wasser mit einer Temperatur von 5 bis 8 °C zwischen 4 bis 10 Sekunden auf das gefrorene Plankton gesprüht werden.
Nachstehend wird nun die Erfindung an Hand der Zeichnungen näher beschrieben, ohne darauf beschränkt zu sein. Die Fig. 1 und 2 zeigen schematische Vertikalschnitte durch zwei verschiedene Ausführungsbeispiele erfindungsgemäßer Einrichtungen.

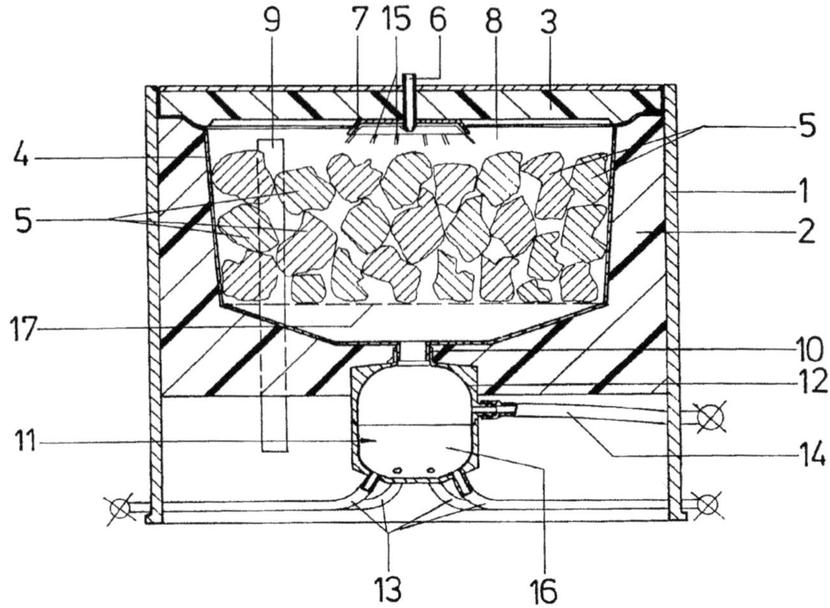

Patentschrift Fig. 1

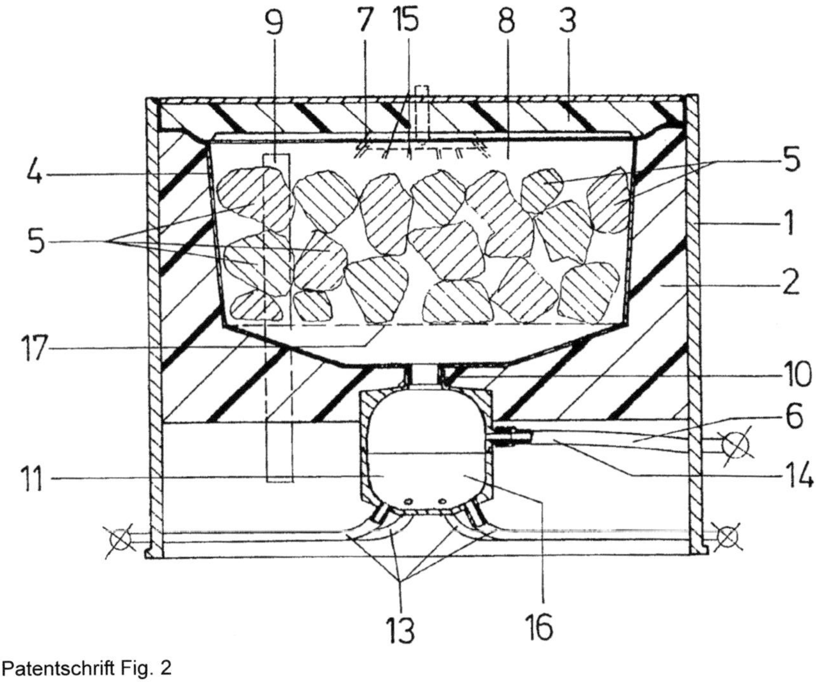

Patentschrift Fig. 2

Ein Tiefkühlbehälter (1), der vorzugsweise mit einem nicht gezeigten, üblichen Kühlaggregat versehen ist, weist einen Deckel (3) auf und ist mit einer Wärmeisolierung (2) ausgekleidet. In den Innenraum des Kühlbehälters (1) ist ein Innenbehälter (4) eingesetzt, der beispielsweise aus nicht rostendem Blech oder Kunststoff besteht, und in dessen konisch zulaufendem Boden ein Auslauf (10) eingesetzt ist, der durch die Isolierschicht (2) in einen Verteilertopf (11) führt. Oberhalb des Auslaufes (10) ist horizontal ein Siebboden (17) vorgesehen, auf den gefrorenes Plankton in Form von beispielsweise faustgroßen Brocken (5) lose liegt. Das Fassungsvermögen eines derartigen, vorzugsweise austauschbaren Innenbehälters (4) liegt beispielsweise bei 15 l. Der Verteilertopf (11) ist zweiteilig mit einem annähernd kugeligen Innenraum ausgebildet und setzt sich aus einem Oberteil (12), der an den Auslauf (10) angesetzt ist, und ein Unterteil (16) zusammen.

Nach Fig. 1 ist im Deckel (3) des Tiefkühlbehälters (1) zumindest ein Sprühkopf (7) eingesetzt, zu dem ein Frischwasserzulauf (6) führt. Der Sprühkopf (7) sprüht das als Auftauwasser dienende Frischwasser auf die im Raum (8) des Innenbehälters (4) liegenden Brocken (5) von gefrorenem Plankton. Durch eine nicht gezeigte Steuerung wird dabei das Auftauwasser dosiert, so dass es von den Brocken (5) die pro Fütterung benötigte Planktonmenge löst, die durch den Auslauf (10) in den Verteilertopf (11) gelangt. Dort wird das abgelöste, aufgetaute Plankton mit zusätzlichem Spülwasser versehen, das über den sperrbaren Spülwasseranschluss (14) in den Oberteil (12) des Verteilertopfes (11) zugeführt wird. Aus dem Unterteil (16) zweigen mehrere Leitungen (13) ab, von denen jede einzeln sperrbar ist, und die zu einem oder mehreren Aufzuchtbecken führen. Bei Abflussstörungen in der Einrichtung kann das zugeführte Auftauwasser über einen Überlauf (9) abfließen, worauf Störungsanzeigen ansprechen können.

Nach Fig. 2 erfolgt die Auftauwasserzufuhr über den Spülwasseranschluss (14), wobei zuvor alle Leitungen (13) abgesperrt werden. Das Auftauwasser wird dadurch im Verteilertopf (11) aufgestaut und steigt durch den Auslauf (10) in den Innenbehälter (4) hoch. Dort wird durch die Überstauung von unten die benötigte Planktonmenge aufgetaut, und schließlich ebenfalls über die Leitungen (13) den Fütterungsstellen zugeschwemmt. Ebenso wäre es denkbar, einen Sprühkopf am Boden des Tiefkühlbehälters, etwa in ringförmiger Anordnung rund um den Auslauf (10), vorzusehen, von dem das Plankton von unten besprüht und abgespült wird. Die Besprühung oder Überstauung von unten erlaubt es auch, das gefrorene Plankton als größeren, einzelnen Block in den Innenbehälter (4) einzusetzen, da von oben nach unten führende Durchflussräume nicht notwendig sind. Der im Deckel (3) strichliert gezeichnete Sprühkopf (7) kann zusätzlich vorgesehen sein, wobei beide Auftauwasserzuführungen in der Steuerung gekoppelt sind.

Die erste Kleinserie war noch relativ einfach aufgebaut und bestand im Wesentlichen aus einer Kühlbox mit Doppel-Trichter und Sieb auf das ein Brocken von gefrostetem Zooplankton gelegt wurde. Die Abspülung von Planktonschichten erfolgte mit Wasser das über ein Magnetventil, gesteuert durch eine Zeitschaltuhr, dosiert wurde (1. Generation).

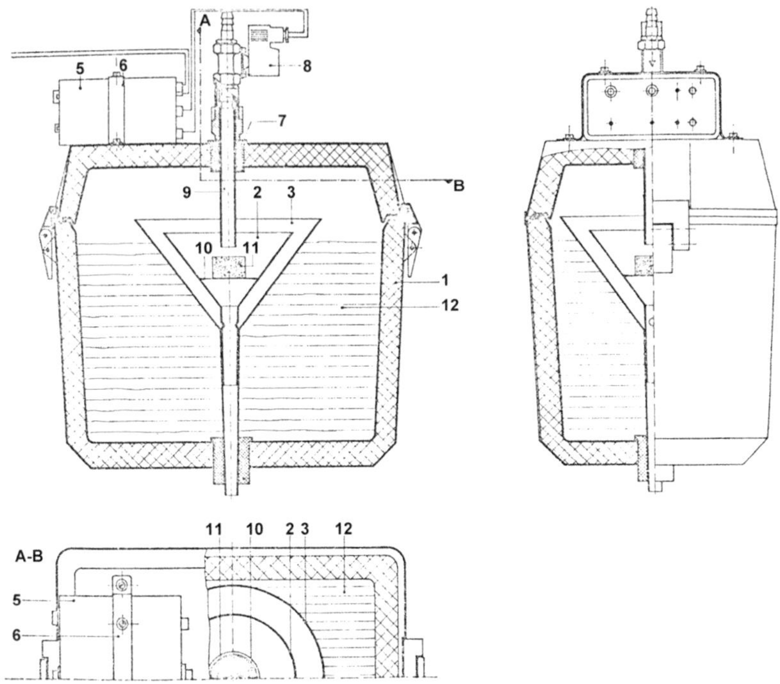

Seiten- und Schnittansichten eines Planktonfutterautomaten der 1. Generation

Zeichenerklärung:
1 – Kühlbox (Kunststoff), 2 – Innentrichter (Kunststoff), 3 – Außentrichter (Kunststoff), 4 – Durchführung (Gummi), 5 – Zeitschaltuhr (12 V), 6 – Befestigung (Aluminium), 7 – Durchführung (Gummi), 8 – Magnetventil (12 V), 9 – Schlauch (Gummi), 10 – Sieb (Edelstahl), 11 – Plankton (gefrostet), 12 – Kühlmittel; A-B – Schnitte;

Die Kühlbox (ohne Deckel) mit Kühlmittel wurde üblicherweise über Nacht in eine Kühltruhe gestellt. Das Kühlmittel (Kühl-Akku) hielt dann das Plankton für bis zu 10 Stunden gefrostet. Über die Zeitschaltuhr kann die Fütterung im Bereich von 1-30 Sekunden (Impuls) und die Pausen von 1-30 Minuten (Intervall) genau eingestellt werden. Dieser Futterautomat hatte allerdings nur einen Ablauf. Mit einem Y-förmigen Verteilerstück konnten aber auch zwei Aufzuchtbecken mit Zooplankton versorgt werden.

In den 1980er Jahren wurde der Planktonfutterautomat noch mehrmals verbessert und vergrößert (L x B x H ca. 66 x 40 x 62 cm, für bis zu 10 kg Zooplankton), sodass er seit dieser Zeit ein Kühlaggregat (12 V), zwei Innenbehälter und zwei Verteilertöpfe hat, und insgesamt 12-16 Leitungsauslässe (2. Generation).

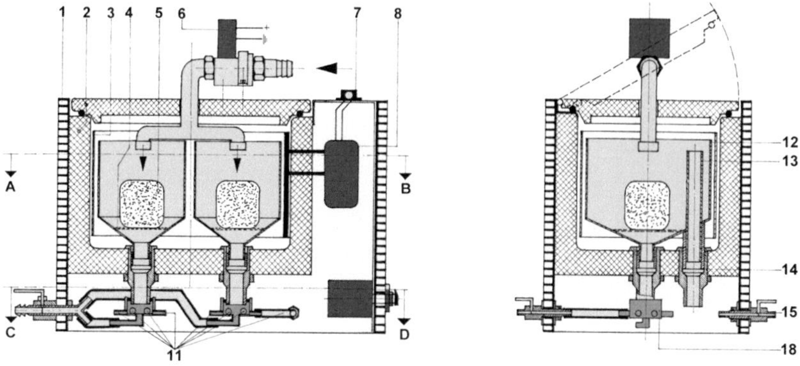

Seitenansichten eines Planktonfutterautomaten der 2. Generation

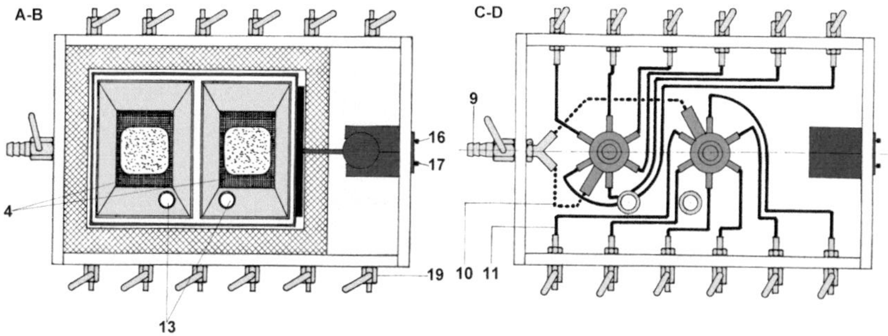

Schnittansichten eines Planktonfutterautomaten der 2. Generation

Zeichenerklärung:
1 – Tiefkühlbehälter (Kunststoff), 2 – Isolierschicht (Hartschaum), 3 – Innenbehälter (Kunststoff), 4 – Siebboden (Edelstahl), 5 – Zooplankton (gefrostet), 6 – Magnetventil (12 V), 7 – Stromzufuhr (12 V), 8 – Kühlaggregat (12 V), 9 – Wasserzulauf (3/4"), 10 – Zulaufschlauch (3/4"), 11 – Ablaufschlauch (3/8"), 12 – Planktonbehälter (Edelstahl), 13 – Überlaufrohr (1"), 14 – Steckmuffe (1"), 15 – Schlauchtülle (3/8"), 16 – Zeitschaltuhr (12 V), 17 – Sicherung (12 V), 18 – Verteilertopf (6-fach), 19 – Kugelhahn (3/8");
A-B und C-D – Schnitte der Draufsichten;

Als Abwaschsystem für das gefrostete Zooplankton wurden dabei verschiedene Varianten eingebaut (jeweils 1 Spülrohr, 1 Sprühbrause oder 2 Rotorarme, oder auch eine Kombination davon).

In den 1990er Jahren wurde der Planktonfutterautomat dann nochmals vergrößert (L x B x H ca. 79 x 49 x 73 cm, für bis zu 20 kg Zooplankton) und mit einem leistungsstärkeren Kühlaggregat (230 V) ausgestattet (3. Generation).

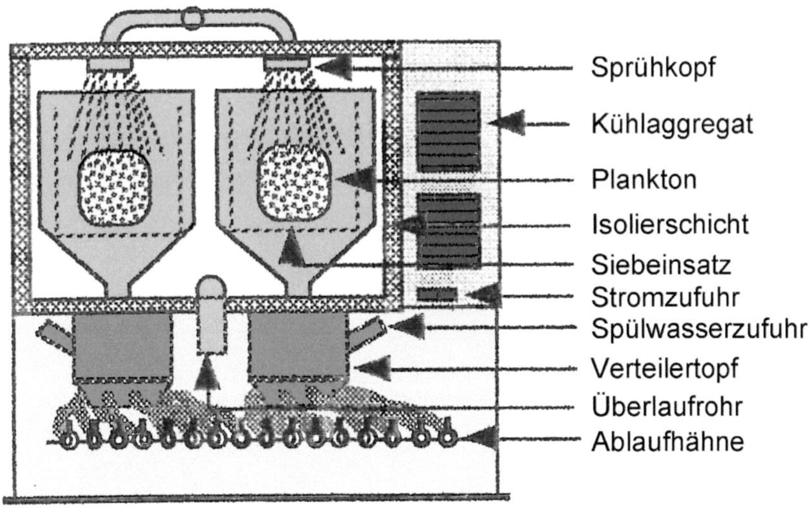

Frontansichten eines Planktonfutterautomaten der 3. Generation

Planktonfutterautomat (2. Generation) und Langstromrinnen im Bruthaus (Thaur)

Im Rahmen von Versuchen am “Institut für Fischforschung“ in Thaur/ Tirol wurde der Planktonfütterungsautomat der 1. Generation (1981-1983) für die Verfütterung von gefrostetem Zooplankton in der Larvenaufzucht an Seesaiblingen (*Salvelinus alpinus*) getestet.
Die Eier dafür wurden im Augenpunktstadium von verschiedenen Populationen bzw. Anlagen (Plansee, Lunzersee, Tromsø) bezogen und in Quellwasser erbrütet. Die Larven schlüpften bei einer Temperatur von 7,5-9,0 °C nach 380-450 Tagesgraden (ab Befruchtung gerechnet).
Die Fütterungsversuche mit Seesaiblingen (*Salvelinus alpinus*) erfolgten in mehreren (2-4 Stück) Langstromrinnen aus verfliesten Beton oder Edelstahl (L x B x H: 1,5 x 0,3 x 0,2 m; Volumen 50 l) im Bruthaus der Fischzucht in Thaur. Parallel dazu wurde in weiteren (2-4 Stück) Rinnen gefriergetrocknetes Zooplankton (80 % der Partikel: 0,15-0,37 mm) und granuliertes Trockenfutter (80 % der Partikel: 0,05-0,25 mm), über einen „Scharflinger“ Uhrwerk-Bandautomaten, verabreicht (ca. 4,0 %/Tag). Vergleichsweise wurde in einer Rinne auch denaturiertes Zooplankton verfüttert das ebenfalls gefrostet über einen Planktonfutterautomaten verabreicht wurde. Dazu wurde das frische Zooplankton für 5 Minuten in einer 0,1 M HCL-Lösung behandelt und anschließend ebenfalls 5 Minuten in einer 0,1 M NaOH-Lösung neutralisiert.
Zu Vergleichen wurden in weiteren Rinnen noch andere Fischarten (Regenbogen- und Bachforellen) mit gefrostetem Zooplankton aufgezogen, das auch über den Planktonfutterautomaten verfüttert wurde.
Das Zooplankton stammte aus dem Bodensee und bestand (Ende März bis Anfang Mai) neben Phyllopoden (0,4-22,4 % *Daphnia* sp. und 2,4-4,3 % *Bosmina* sp.) hauptsächlich aus Copepoden (75,2-96,0 % *Cyclops* sp. und 0,0-1,2 % *Eudiaptomus* sp.).
Die Besatzdichte betrug jeweils 1.000 Stück Brütlinge je Rinne. Es erfolgte ein permanenter Zufluss mit Quellwasser, das eine Temperatur von 9-10 °C (pH-Wert 7,8-8,1) aufwies. Futterreste und Kotpartikel, sowie verendete Fische wurden mindestens täglich entfernt.
Der Futterstart erfolgte wenn etwa 2/3 des Dottersackes aufgezehrt wurden bzw. 1/3 der Fische „frei stand“. Bei gefrostetem Zooplankton betrug die tägliche Fütterungsrate 30-50 % des Fischgewichtes, und es wurde meist 4 Mal pro Stunde während 6-8 Stunden pro Tag gefüttert.
Aus früheren Arbeiten ist bekannt, dass rund 40-60 % der Fressaktivität und Futteraufnahme, sowohl bei Zooplankton als auch bei Trockenfutter, während eines Beobachtungszeitraumes von 40-45 Minuten innerhalb der ersten 10 Minuten nach Fütterungsbeginn stattfindet (vgl. Schlemmer, 1981). Dieses Fressverhalten wird zumindest über einen Zeitraum von 2 Monaten beibehalten, nur die Menge des Futters erhöht sich kontinuierlich. Bei Saiblingen entsprechen 60-80 Zooplankter etwa einer Magenfüllung, die nach einer Fütterungsdauer von 15-30 Minuten erreicht und normalerweise innerhalb von 3-5 Stunden verdaut wird.

Wachstum von Seesaiblingen (Tromsø Population)
bei verschiedenen Futterdiäten:
(Nach: Steiner, 1989)

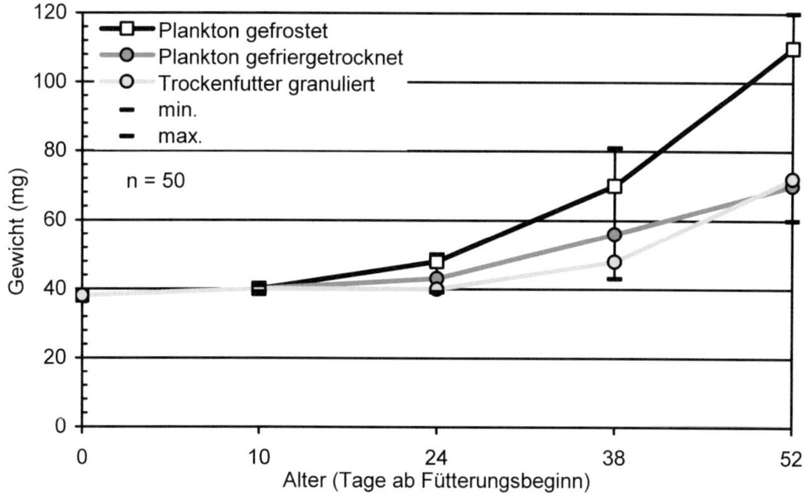

Wachstum von Seesaiblingen (Lunzersee Population)
bei verschiedenen Futterdiäten:
(Nach: Steiner, 1984)

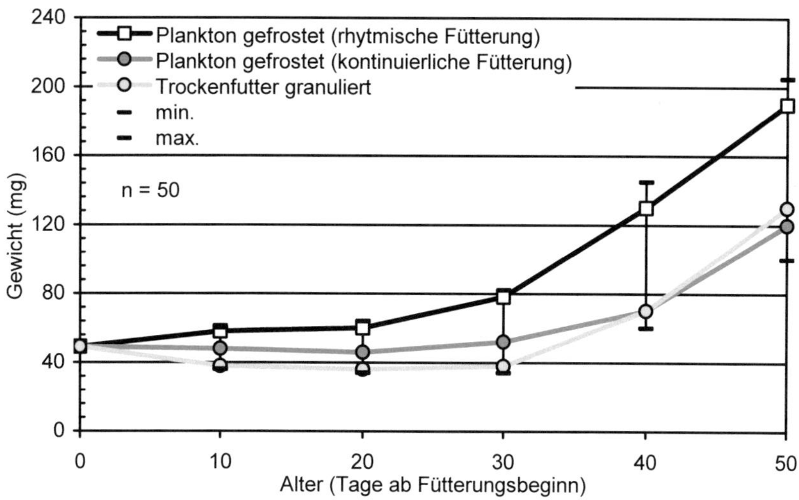

Wachstum von Seesaiblingen (Plansee Population)

bei verschiedenen Futterdiäten:

(Nach: Hopfensperger, 1982; Steiner, 1984)

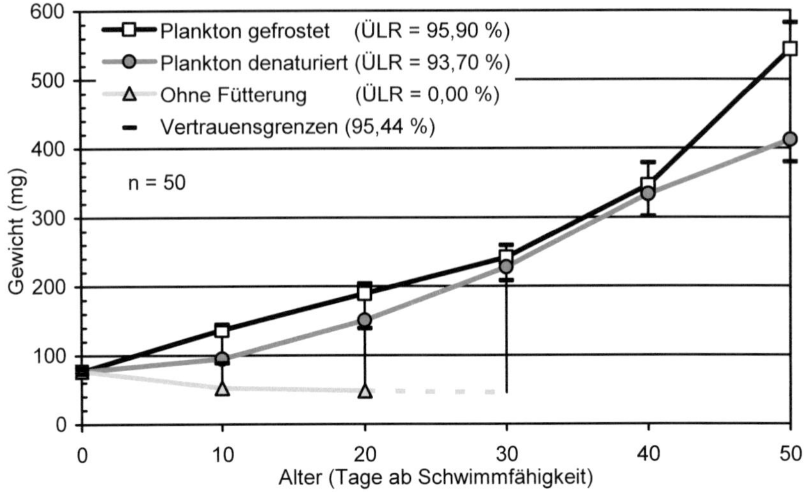

Wachstum von Jungfischen

bei der Fütterung mit gefrostetem Zooplankton:

(Nach: Hopfensperger, 1982)

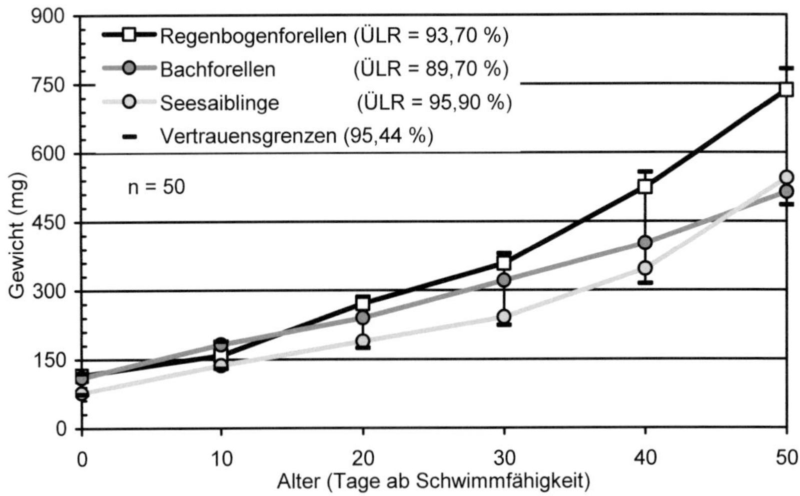

Futteraufnahme von Seesaiblingen
bei verschiedenen Futterdiäten:
(Nach: Schlemmer, 1981)

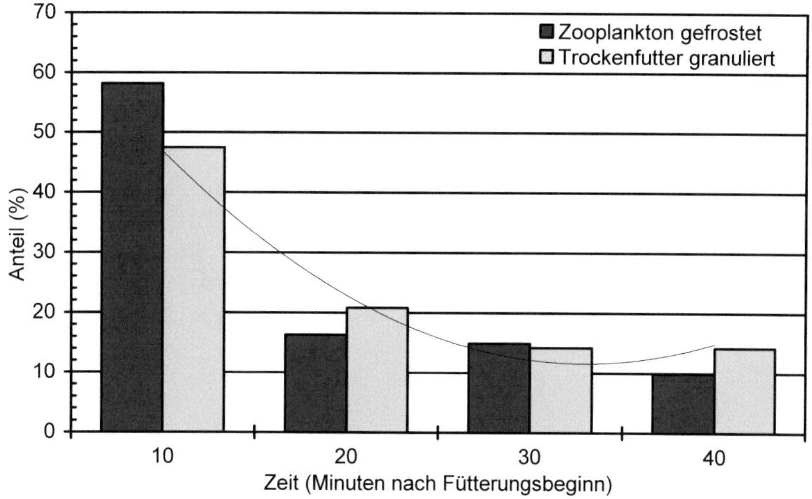

Mortalitätsraten von Seesaiblingen
bei verschiedenen Futterdiäten:
(Nach: Hopfensperger, 1982; Steiner, 1984 + 1989)

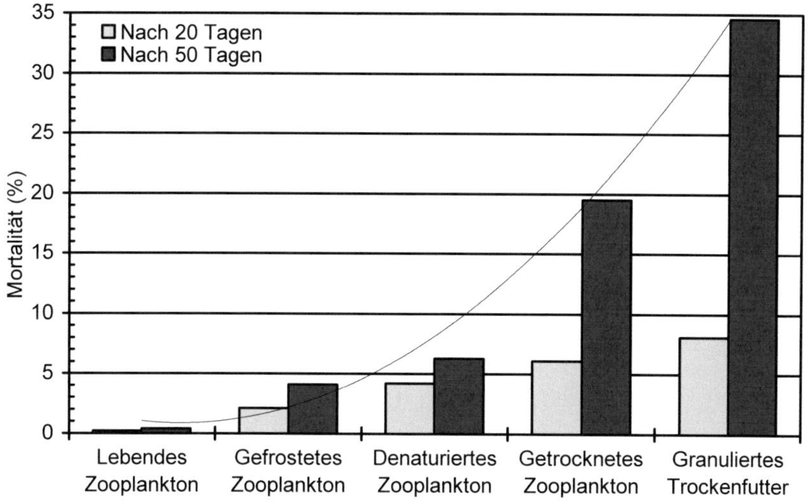

Bei diesen Versuchen konnte festgestellt werden, dass gefrostetes Zooplankton von den Fischlarven bereits zu einem sehr frühen Zeitpunkt (etwa 1/3 Dottersackrest) aufgenommen und verwertet wird. Verzögerungen in der Anfütterung werden nach Darbietung gefrosteten Zooplanktons in unvergleichbar höherem Ausmaß toleriert, als dies bei den Experimenten mit Trockenfutter der Fall war. Durch den Einsatz von gefrostetem Zooplankton wird auch ein äußerst homogenes Wachstum erreicht, ein „Auseinanderwachsen", wie es in extremer Form nach Fütterung mit Trockenfutter eintrat, konnte weitest vermieden werden.
Beim Übergang von endogener zur exogenen Nahrungsaufnahme sprechen Seesaiblingslarven vorzugsweise auf größere, nicht konsumierbare Futterpartikel an (vgl. Balon, 1980). Dies erklärt auch, weshalb der Futteraufnahmeerfolg beim damaligen Trockenfutter (Trouvit 00) vergleichsweise gering war. Eine Analyse der Partikelgrößen zeigte eine große Inhomogenität beim Trockenfutter. Zusammen mit der „harten" und „scharfkantigen" Konsistenz des Trockenfutters ergibt sich bereits bei der Nahrungsaufnahme in der Anfütterungsphase eine ungünstige Ausgangsposition für die Aufzucht mit Trockenfutter. Vergleichsweise große Zooplankter werden dagegen relativ leicht von den Fischlarven aufgenommen, bedingt durch die „weiche" Konsistenz und wahrscheinlich auch die Attraktivität der Form der Nahrung. Das aus der Grafik ersichtliche „Aufholen" im Zuwachs nach Fütterung mit Trockenfutter zeigt wohl den hohen Nährstoffgehalt dieses Futtermittels auf, ist jedoch mit einer wesentlich höheren Sterblichkeit verbunden.
Das Auftreten höherer Nährstoffverluste bei der Darbietung tiefgefrorenen Zooplanktons, bedingt durch „Auswascheffekte" (vgl. Grabner et al., 1981) bei der Fütterung konnte durch die Konstruktion dieses speziellen Planktonfutterautomaten gemindert werden. Die neuen verbesserten Planktonfütterungsautomaten (der 2. und 3. Generation) halten diese Nährstoffverluste noch besser in Grenzen.
Abschließend kann festgestellt werden, dass sich gefrostetes Zooplankton über einen Planktonfütterungsautomaten verfüttert, sehr gut für die Anfütterung von Jungfischen bis zu einer Größe von 3-4 cm eignet und das Wachstum und die Überlebensrate (ÜLR) besser ist als bei gefriergetrocknetem und denaturiertem Zooplankton oder granuliertem Trockenfutter. Mit Zooplankton aufgezogene Fische sind auch vitaler und intensiver gefärbt, als solche die mit Trockenfutter aufgezogen wurden (siehe Abb.).
Bei „Problemfischen" wie Seesaiblingen stellt die Anfütterungsphase die wesentlichste Hürde für den Aufzuchterfolg dar. Der Einsatz von tiefgefrorenem Zooplankton ermöglicht, mit Hilfe eines Planktonfütterungsautomaten, einen bedeutenden Fortschritt im Hinblick auf eine ökonomische Jungfischaufzucht, vor allem für jene Fischzuchtbetriebe, welche nicht auf lebendes Zooplankton zurückgreifen können.

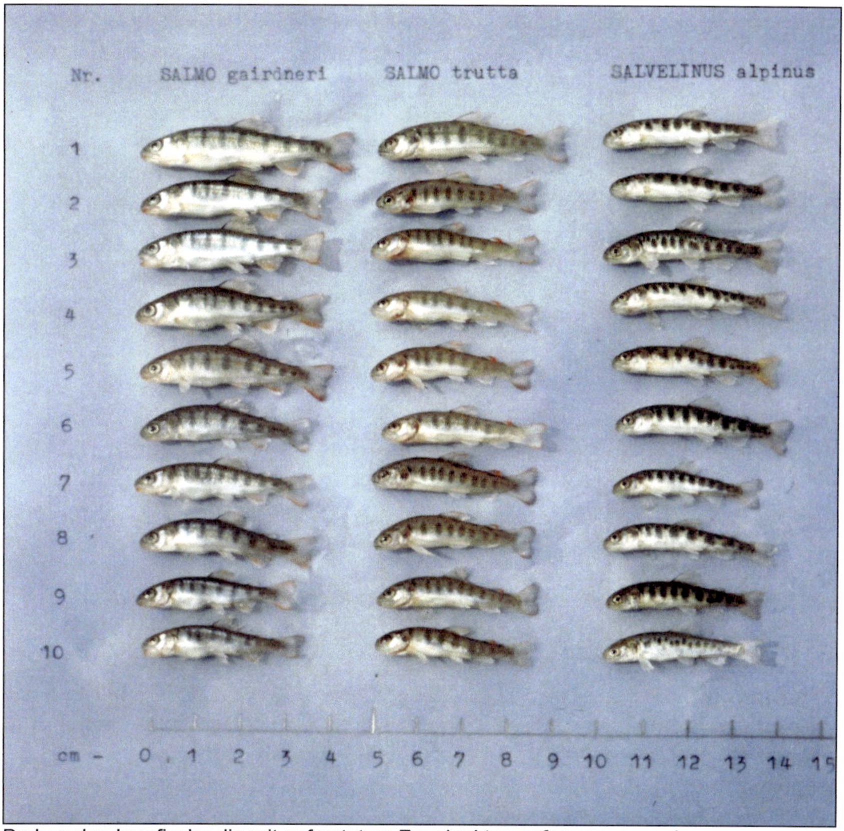

Proben der Jungfische die mit gefrostetem Zooplankton aufgezogen wurden

Färbung der Jungfische bei Fütterung mit Zooplankton (links) und Trockenfutter (rechts)

Im Rahmen von Experimenten am "Institut für Fischforschung" in Thaur/Tirol wurde der Planktonfütterungsautomat der 2. Generation (1986) für die Verfütterung von gefrostetem Zooplankton in der Larvenaufzucht an Äschen (*Thymallus thymallus*) eingesetzt.
Die Eier dafür stammten von Laichfischen die in einem kühlen Waldteich (Grafenteich, Oberösterreich) auf Naturnahrungsbasis aufwuchsen. Die Abfischung der Laicher, das Abstreifen und die Befruchtung der Eier erfolgten am 29.04.1986. Die Erbrütung erfolgte mit Quellwasser, das eine Temperatur von 9,5-9,7 °C aufwies, im Bruthaus der Fischzucht in Thaur. Das Augenpunktstadium erreichten die Eier am 10.05.1986. Der Schlupf der Larven erfolgte am 24.05.1986. Bei Erreichen der Fressfähigkeit (am 01.06.1986 = Tag 0) wurden die Brütlinge dann direkt aus den Erbrütungsrahmen in die Aufzuchtbecken gesetzt. Die Besatzdichte betrug 1.200 Stück Brütlinge (á 40 mg Nassgewicht) je Becken (Gesamtlänge 14,75 (13,50-16,50) mm, Trockengewicht 15,66 (11,50-20,50) mg, Korpulenzfaktor 0,48 (0,42-0,60).
Die Fütterungsversuche mit Äschen (*Thymallus thymallus*) erfolgten in mehreren (2 Stück) rechteckigen Langstromrinnen aus verfliesten Beton (L x B x H: 1,5 x 0,3 x 0,2 m; Volumen 50 l) im Bruthaus der Fischzucht in Thaur. Bei diesem Versuch erfolgte die Fütterung von gefrostetem Zooplankton automatisch über den Planktonfütterungsautomaten (Fütterungsintervalle 10-20 Minuten, Fütterungsdauer 2-5 Sekunden). Die Fütterung erfolgte nur tagsüber (Fütterung ad libitum). Parallel dazu wurde in einer weiteren Langstromrinne auch ein Versuch mit manueller Fütterung (2-4 x täglich), im Haupthaus (Keller) der Fischzucht in Thaur, durchgeführt. Bei diesem Versuch wurden die Fische auch mit gefrostetem Zooplankton gefüttert, am Tag 35 in ein Rundbecken aus Edelstahl (Durchmesser 1,0 m, Höhe 0,5 m; Volumen 300 l) umgesetzt und ab Tag 42 mit Trockenfutter (Ewos, RP 52 %) weitergefüttert.
Bei beiden Versuchen erfolgte ein permanenter Zufluss mit Quellwasser (0,1-0,2 l/s je Becken). Bei der automatischen Fütterung wies das Wasser während der Versuchsdauer eine konstante Temperatur von 10,0 (9,5-10,5) °C auf und der Zulaufschlauch von Frischwasser und Zooplankton wurde so verlegt, dass eine Kreisströmung entstand wodurch das Plankton länger in Schwebe gehalten wurde und so die von den Larven aufgenommene Nahrungsmenge vergrößert werden konnte, denn die Fische nahmen das Plankton nicht vom Boden auf. Bei der händischen Fütterung wurde das eingeleitete Wasser künstlich mit einem Heizstab erwärmt und wies eine Temperatur von 15,8 (14,0-18,0) °C auf, mit leicht steigender Tendenz während der Versuchsdauer. Futterreste und Kotpartikel, sowie verendete Fische wurden täglich aus den Becken entfernt. Mortalität, Temperatur und Sauerstoff wurden täglich festgehalten. Die Messung und Wiegung der Fische erfolgte wöchentlich, dafür wurden jeweils 10 Fische den Becken entnommen.

Wachstum von Äschen (*T. thymallus*)
bei unterschiedlichen Fütterungsregimen:
(Nach: Schotzko, 1986)

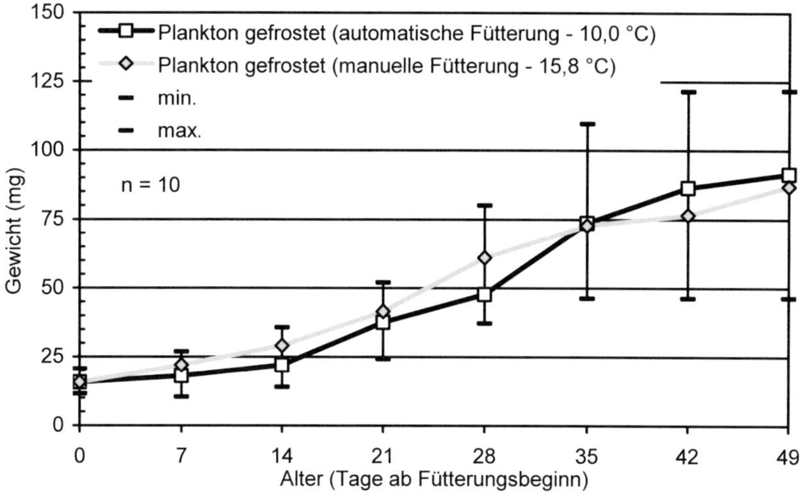

Verlauf von Wassertemperatur und Sauerstoffgehalt
während des Fütterungsversuchs:
(Nach: Schotzko, 1986)

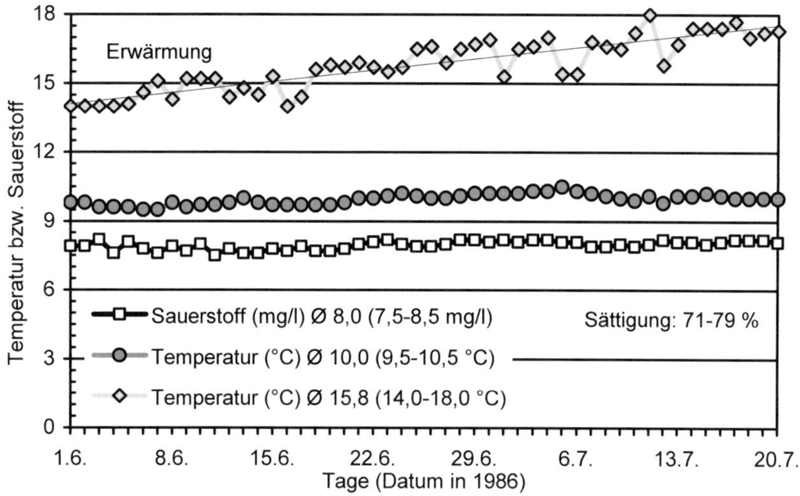

Die Menge an Zooplankton je Becken und Tag betrug durchschnittlich 400 g, wurde aber kontinuierlich erhöht, von 100-200 g ab Tag 1, über 250-350 g ab Tag 7, bis 400-600 g ab Tag 14. Das gefrostete Zooplankton stammte für beide Versuche aus dem Achensee und bestand neben Copepoden (*Cyclops* sp.) hauptsächlich aus Cladoceren (*Daphnia* sp.) die eine Länge von 1,0-2,0 mm und eine Breite von 0,5-1,5 mm aufwiesen. Die Brütlinge nahmen diese Nahrung aufgrund der Partikelgröße Anfangs nur zögernd auf. Deshalb wurden, bei der automatischen Fütterung, einige Siebungsversuche unternommen. Dabei erwies sich eine Siebung mit einer Maschenweite von 670 µm noch am geeignetsten. Die so erhaltene Fraktion bestand aus kleineren Daphnien und Cyclopen. Grundsätzlich ist aber gefrostetes Zooplankton nicht gut für eine Siebung geeignet, da es äußerst empfindlich gegen jede mechanische Einwirkung reagiert, wobei die Fortsätze (Antennen) abbrechen, die Zellwände aufreißen und die enthaltenen Nährstoffe ausgewaschen werden und verloren gehen. Um die Siebung zu automatisieren wurde am Tag 2 ein Sieb mit einer Maschenweite von 670 µm provisorisch in den Planktonfütterungsautomaten integriert. Wiederholte Beobachtungen des gesiebten Planktons zeigten jedoch, dass es schon nach wenigen (3-4) Stunden Betriebsdauer des Fütterungsautomaten, hauptsächlich aus leeren Hüllen und Antennen mit geringem Nährwert bestand. Außerdem zeigten spätere Untersuchungen des Verdauungstraktes der Larven, dass diese eine Auswahl bezüglich der Größe der aufgenommenen Nahrung trafen. Der Magen-Darm-Inhalt der untersuchten Fische bestand größtenteils aus kleineren Daphnien (Größe 1,0-1,5 mm) und Cyclopen (Größe 0,8-1,2 mm). Deshalb wurde das Sieb am Tag 6 wieder entfernt und, wie auch bei der händischen Fütterung, ungesiebtes Plankton verfüttert.
Das Wachstum der Fische in beiden Versuchsgruppen war nach 35 Tagen praktisch ident. Nach 49 Tagen hatten die bei 10,0 °C Wassertemperatur aufgezogenen Fische sogar ein geringfügig höheres Gewicht als die bei 15,8 °C aufgezogenen Fische. Das schlechte Wachstum bei den bei wesentlich höherer Temperatur aufgezogenen Fischen ist vermutlich auf die unzureichende händische Fütterung zurückzuführen. Außerdem war die Überlebensrate (am Tag 35) bei den in wärmeren Wasser aufgezogenen Fischen (65,5 %) wesentlich geringer, als bei den in kälteren Wasser aufgezogenen (77,5 %). Dies ist eventuell auf einige gesundheitliche Probleme zurückzuführen, denn es musste mehrmals (am Tag 30 und 45) ein Kochsalz- bzw. Malachitbad wegen Kiemenschwellung durchgeführt werden.
Nach Beendigung dieser Versuche wurden die Jungfische vom kälteren Wasser noch weiter mit Zooplankton gefüttert und erreichten am Tag 91, eine Gesamtlänge von 39 mm und ein Trockengewicht von 351 mg.

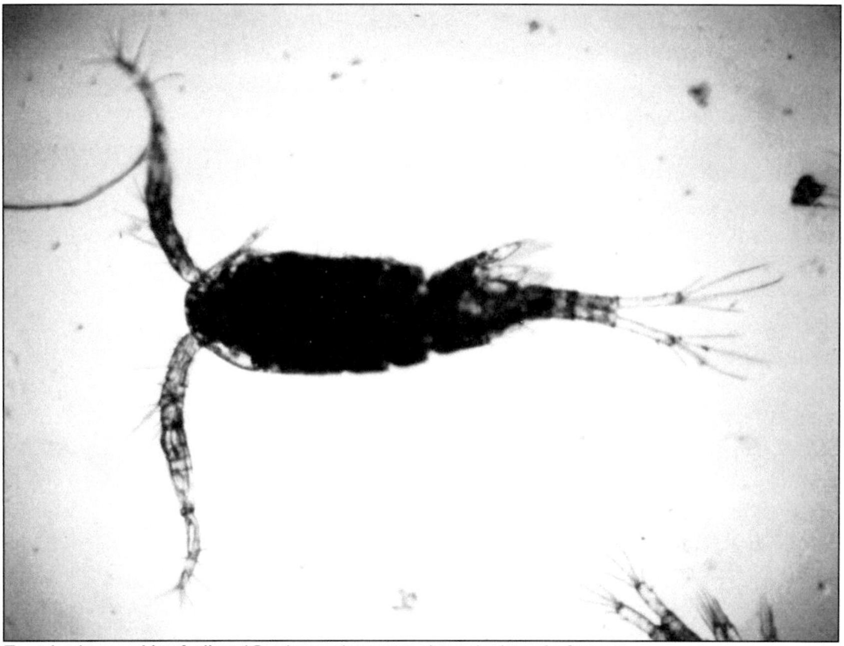
Zooplankton – Hüpferling (*Cyclops abyssorum*) nach dem Auftauen

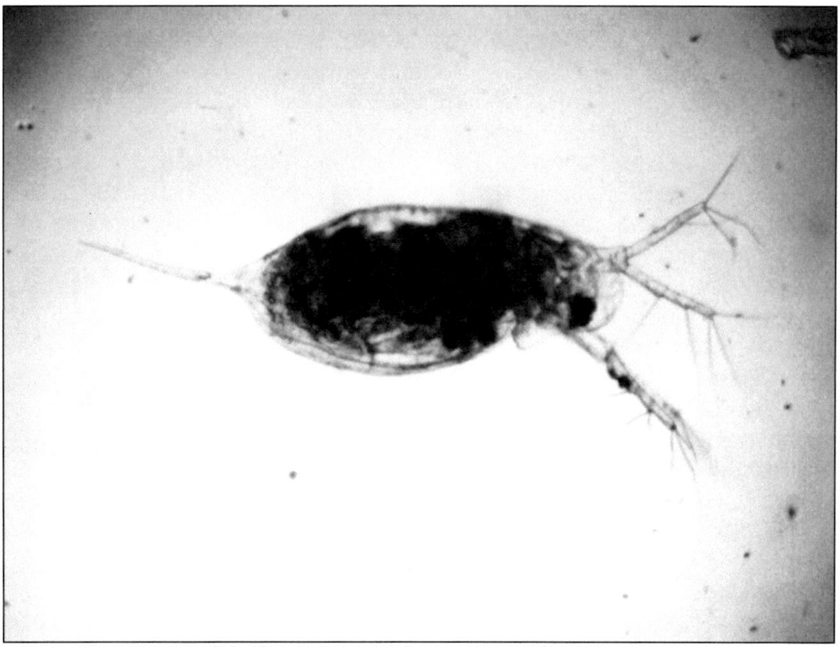
Zooplankton – Wasserfloh (*Daphnia hyalina*) nach dem Auftauen

Im Rahmen eines Praxistests in der "Landesfischzucht" in Hard/ Vorarlberg wurde der Planktonfütterungsautomat der 2. Generation (1986) für die Verfütterung von gefrostetem Zooplankton in der Larvenaufzucht an Äschen (*Thymallus thymallus*) erprobt.
Die Eier dafür stammten von Wildfängen (Schwarzwald, Rheinsystem) und wurden im Augenpunktstadium bezogen und erbrütet. Bei Erreichen der Fressfähigkeit wurden die Brütlinge dann direkt aus den Erbrütungsrahmen in die Rundbecken gesetzt. Die Besatzdichte betrug 10.000 Stück Brütlinge (á 40 mg Nassgewicht) je Aufzuchtbecken.
Die Fütterungsversuche mit Äschen (*Thymallus thymallus*) erfolgten in mehreren (4 Stück) kreisrunden Rundbecken aus glasfaser-verstärktem Polyester (Durchmesser 2,0 m, Höhe 0,7 m; Volumen 1.800 l) mit leicht konischem Boden, Standsieb (MW 0,8 mm) und Bodenablauf (Ø 70 mm) im Bruthaus der Landesfischzucht in Hard am Bodensee (BS).
Zwei Rundbecken wurden mit lebendem Zooplankton versorgt das 2 x täglich mit Planktonnetzen (Ø 1,6 m, MW 290 µm) aus dem Bodensee (Harder Binnenbecken oder Fußacher Bucht) gefangen wurde (Schleppzeit 5-10 min., Fangmenge 0,38-1,20 kg/min.). Zwei Rundbecken wurden mit gefrostetem Zooplankton versorgt das über den Planktonfütterungsautomaten verabreicht wurde (Fütterungsintervalle alle 20 Minuten, Wassermenge rund 5 Liter je Futterspülung). Die Fütterung erfolgte nur tagsüber (Fütterung ad libitum).
Es erfolgte ein permanenter Zufluss mit Grundwasser, das eine Sauerstoffsättigung von 85 %, einen Leitwert von 478 µS, und einen pH-Wert von 7,3 aufwies. Die Wasserzufuhr je Becken betrug die ersten 20 Tage 0,10 l/s und anschließend 0,25 l/s. Die Wassertemperatur stieg während des Tests kontinuierlich von 9 auf 11 °C. Planktonreste und Kotpartikel, sowie verendete Fische wurden täglich aus den Becken entfernt. Zur Bestimmung des Gewichtes wurden jeweils 500 Stück Fische gezählt und anschließend feucht gewogen (Nassgewicht).
Bei diesem Test konnte festgestellt werden, dass bei gefrostetem Zooplankton die Fischlarven anfangs (bis zum 10. Tag) etwas besser abwuchsen als bei lebendem Zooplankton. Dies lässt sich vermutlich auf die bessere oder leichtere Erreichbarkeit bzw. Fängigkeit des toten Zooplanktons für die Fischlarven zurückführen, da gefrostetes Plankton im Gegensatz zum lebenden Plankton nicht mehr flüchten kann. Die Unterschiede im Wachstum konnten jedoch später (bis zum 30. Tag) wieder aufgeholt werden.
Bei gefrostetem Zooplankton war die Beckenreinigung die ersten 10 Tage etwas aufwendiger als bei lebendem Zooplankton, da das Plankton noch nicht restlos gefressen werden konnte und am Beckenboden schnell verpilzte. Die Fischlarven gewöhnten sich jedoch schnell an die Fütterungsintervalle und standen dann in größeren „Schwärmen" an den Ablaufschläuchen des Planktonfutterautomaten.

Wachstum von Äschen (*T. thymallus*)
bei unterschiedlichen Fütterungsregimen:
(Nach: Bösenecker, unveröffentlicht)

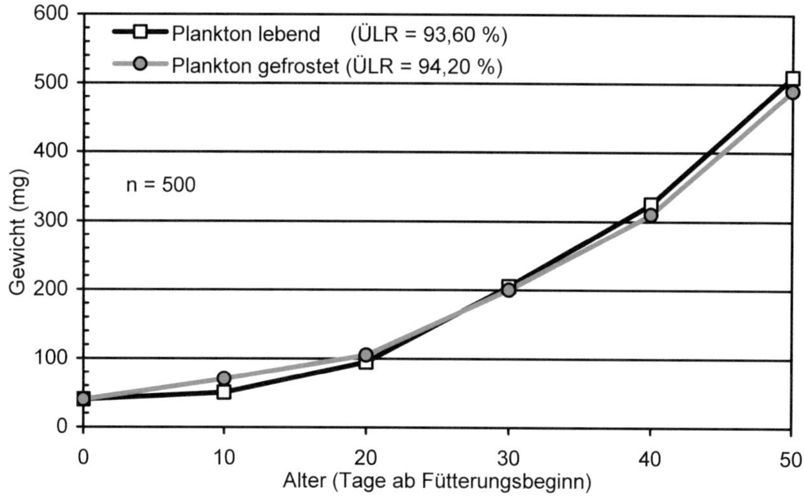

Die Abläufe des Planktonfutterautomaten verlegten sich mehrmals durch Pflanzenteile (Holzstücke, Blattstiele, etc.), dies kann jedoch durch Absieben des Planktons vor dem Einfrieren oder dem Einsetzen eines Siebkorbs in den Automaten relativ einfach gelöst werden.
Das Wachstum der Fische in beiden Versuchsgruppen war nach 30 Tagen praktisch ident. Am Tag 50 (Ende des Tests) hatten die mit lebendem Plankton gefütterten Fische nur ein geringfügig höheres Gewicht als die mit gefrostetem Plankton gefütterten Fische, und beide Versuchsgruppen hatten eine sehr hohe Überlebensrate (ÜLR).
Nach Beendigung dieses Tests wurden die Jungfische auf Trockenfutter umgestellt und die Besatzdichte in den Rundbecken verringert.
Parallel dazu wurde in weiteren (8 Stück) Rundbecken über einen Zeitraum von einem Monat ebenfalls gefrostetes Zooplankton verabreicht. Diese Zwischenergebnisse wurden aber nicht dokumentiert, die Endergebnisse waren jedoch ähnlich mit denen des Tests.
Zusammenfassend können die Ergebnisse dieses Praxistests als sehr gut angesehen werden, vor allem wenn die relativ niedrige Wassertemperatur berücksichtigt wird. Die Verabreichung von gefrostetem Zooplankton über den Planktonfütterungsautomat kann als eine gleichwertige, unter Umständen sogar bessere Aufzuchtform, vor allem für Äschen, betrachtet werden. Dies gilt besonders für Betriebe, die zur betreffenden Zeit nicht kontinuierlich über lebendes Plankton verfügen.

Planktonnetzgehege

In den 1980er Jahren wurde die Methode der Aufzucht von Fischbrut in beleuchteten Unterwassergehegen weiter entwickelt. Diese Produktionsmethode basiert auf einer Planktonfütterung in natürlichen stehenden Gewässern (wie Fjorden, Lagunen, Seen und Teichen), wobei die Nährtiere mit einer Lichtquelle, die sich im Zentrum der Gehege befindet, angelockt werden. Hauptsächlich Copepoden und Phyllopoden, aber auch eine Vielzahl anderer Nährtiere, reagiert positiv phototaktisch und wird in der Nacht durch die Unterwasserlampe (10-100 Watt) ins Innere der Gehege gelockt. Dies führt bis zu einer 50-fachen Konzentration der Nährtiere, die der Fischbrut dort als Futter dienen. Tiefer abgesenkte Gehege können auch durchgehend tagsüber beleuchtet bleiben, da in der Nacht um etwa 20 % weniger Nahrung aufgenommen wird als am Tag (zumindest bei Coregonen).
Die feinmaschigen, würfelförmigen Gehege (1x1x1 bis 2x2x2 m) mit 1-8 m^3 Volumen, werden aus widerstandsfähigem monofilen Nylon- oder Polyestergewebe mit einer Maschenweite von 0,3 bis 1,8 mm gefertigt und besitzen eine Kontrollöffnung und Kabeldurchführung mit Reiß- oder Klettverschluss. Die Gehege werden faltenfrei in ein starkes Metallgestell gespannt und über ein Galgengerüst mit einem Seil möglichst 1-2 m unter die jeweilige Sichttiefe abgesenkt. Sie sollten sich jedoch stets über der Sprungschicht und mindestens 1-2 m über Grund befinden. Montiert werden die Galgen auf Schwimmstegen und in angemessener Entfernung (mind. 50 m) vom Ufer verankert. Die Stromzuleitung erfolgt über Unterwasserkabel und einen Transformator (12-24 Volt). In abgelegenen Gebieten bietet sich für die autonome Funktion eine Photovoltaikanlage an (siehe Abb.).
Als Standort für eine derartige Gehegeanlage eignen sich stehende Gewässer mit ausreichender Tiefe, die zur betreffenden Zeit mindestens 500-1.000 Planktonkrebschen/m^3 aufweisen. Der tägliche Bedarf an Nährtieren je Brütling (Coregonen) beträgt in der ersten Woche etwa 40-60 Stück (zunächst Copepoden-Nauplien) und verdoppelt sich ungefähr jede Woche. Abhängig von der Verfügbarkeit des Zooplanktons und der Fischart, können Besatzdichten von 2.000-8.000 Laven/m^3 (bis zur Setzlingsgröße von 3-5 cm Länge) und Überlebensraten von 60-90 % erreicht werden. Nach Verringerung der Besatzdichte können, je nach Wassertemperatur, vor allem Coregonen sogar bis zum Herbst darin aufgezogen werden. Die Betreuung der Anlage beschränkt sich auf die Funktionskontrolle des Systems, die periodische Reinigung der Netze mittels Hochdruckreiniger, um ein Zuwachsen der Gehege durch Detritus, Algen oder Kotreste zu verhindern (je nach Eutrophierung und Jahreszeit alle 1-7 Tage) sowie auf die Kontrolle der Planktonentwicklung in dem betreffenden Gebiet.

Die größte Gehegeanlage bestand aus den folgenden Komponenten:

1.) Schwimmkörper:	160 Kunststoffpontons (50x50 cm) 117 Verbindungsbolzen 22 Randverschraubungen 2 Randschienen mit Verankerungsöse
2.) Solaranlage:	18 Photovoltaikpaneele (12 V, 42 Wp) 6 Akkumulatoren (12 V, 150 Ah) 1 Aluminiumgestell und Aluminiumbox 1 Ladestromregler und Zeitschaltuhr 12 Halogenleuchten (12 V, 10 W) 12 Stecker, Kabel und Rohre
3.) Galgengestell:	6 Aluminiumdoppelgalgen 12 Seilwinden, Rollen und Seile
4.) Gehegenetze:	12 Netze (2x2x2 m), MW 1000-1800 µm 12 Gehegerahmen 12 Aufhängungen, Schäkel und Karabiner

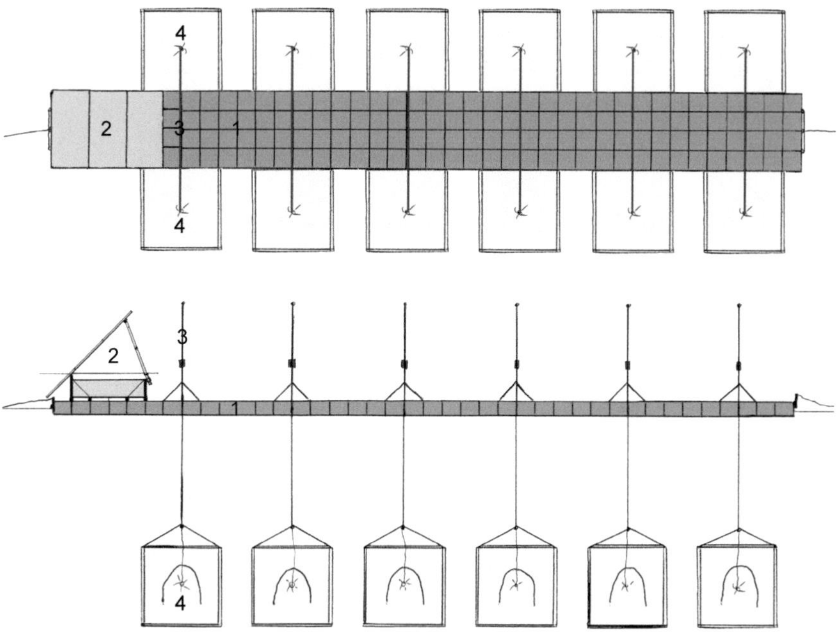

Skizze dieser Anlage und deren Komponenten (Draufsicht oben, Seitenansicht unten)

Anlage mit beleuchteten Unterwassergehegen (Wolfgangsee)

Die bisher größte derartige Gehegeanlage in Österreich mit 12 Netzgehegen wurde am Wolfgangsee errichtet (1988-1989). Das Ausgangsmaterial an Eiern im Augenpunktstadium (Seesaiblinge) oder fressfähiger Brut (Renken, Hechte) stammte aus anderen Seen. Nur die Seeforellen wurden direkt vor Ort vermehrt. Dabei wurden die Laichfische in einer schwimmenden Netzgehegeanlage (mit 8 Gehegen á 6x6x6 m, MW 15-20 mm) gehalten und mit pelletiertem Trockenfutter und zerkleinerten Weißfischen (Cypriniden) aus dem See gefüttert.
Die Vermehrung der Seeforellen erfolgte in Regel Anfang Dezember, wenn die Wassertemperatur an der Seeoberfläche auf etwa 6 °C sank. Die Gehegenetze wurden gehoben, die Laichfische sortiert und direkt an der Gehegeanlage nach der nassen Methode in eine Salzlösung (0,65 %) abgestreift. Anschließend wurden die Laichfische wieder in die Gehege zurückgesetzt und die Eier im Bruthaus direkt am See mit Quellwasser erbrütet. Die Erbrütung erfolgte in 2-4 Langstromrinnen mit jeweils bis zu 7 Einsätzen (je ca. 40 x 40 cm) und je Einsatz bis zu 1-2 Liter Eier (ca. 8.000 St./l). Gegen Verpilzungen (*Saprolegnia*) wurde bis zum Erreichen des Augenpunktstadiums regelmäßig Formaldehyd eingesetzt. Die fressfähige Brut wurde Anfang März direkt aus den Erbrütungsrahmen in die Netzgehege gesetzt.
Mittels Zeitschaltuhr wurde die Beleuchtung auf etwa 12 Stunden während der Nacht eingestellt. Die Reinigung der Netze erfolgte regelmäßig einmal pro Woche mit einem Hochdruckreiniger (max. 100 bar). Der Strom dafür wurde von einem Dieselgenerator erzeugt. Für die Reinigung wurden die Gehege langsam bis auf 10-20 cm Restwasserstand hochgezogen und anschließend von innen nach außen gereinigt. Nach erfolgter Reinigung der Netze und Begutachtung der Fische wurden die Gehege wieder abgesenkt. Eine Behandlung der Fische gegen Parasiten erfolgte nicht. Die vorgestreckten Jungfische wurden mit feinmaschigen Handkeschern abgefischt. Der Abtransport erfolgte per Boot in Transportbehältern mit Sauerstoffversorgung.

Produktionsergebnisse am Wolfgangsee
in beleuchteten Unterwassergehegen*:
(Nach: Hochleithner, unveröffentlicht; Steiner, 1992)

Fischart	Seeforellen	Seesaiblinge	Renken	Hechte
Besatzdatum	10.03.1989	10.03.1989	04.04.1989	20.05.1989
Besatzgröße	25 mm, 0,11 g	22 mm, 0,08 g	12 mm, 0,01 g	12 mm, 0,01 g
Besatzmenge	2.500 St./m3	3.125 St./m3	12.500 St./m3	6.250 St./m3
Maschenweite	1,8 mm	1,3 mm	1,0 mm	1,3 mm
Abfischdatum	27.05.1989	27.05.1989	27.05.1989	10.06.1989
Abfischgröße	45 mm, 0,91 g	42 mm, 0,83 g	25 mm, 0,10 g	25 mm, 0,12 g
Abfischmenge	1.875 St./m3	2.500 St./m3	8.750 St./m3	3.750 St./m3

* Gehegegröße: würfelförmig 2x2x2 m = 8 m3;

Gehegeanlage mit 12 untergetauchten und beleuchteten Netzen

Gehegeanlage mit hochgezogenen Netzen während der Reinigung und Kontrolle

Mehrere unterschiedliche Gehegeanlagen, wurden gebaut und sowohl im Süß- als auch im Meerwasser, getestet. Verschiedene Grundrisse bei Pontonanlagen wurden auf ihre Praxistauglichkeit geprüft. Neben würfeligen wurden auch zylindrische Gehegenetze sowie Einfach- (ein Kranausleger je Gehege) und Mehrfachkran (ein Drehkran für mehrere Gehege) erprobt, wobei sich die würfelförmigen Gehege und die Einfachkrane besser bewährt haben. Es wurden auch verschiedene Rahmenkonstruktionen (ein würfelförmiges oder zwei quadratische Gestänge) zum Aufspannen der Gehegenetze getestet, wobei sich zwei quadratische Rahmen (einer oben und einer unten) besser bewährten. Weiteres wurde festgestellt, dass die Unterwassergehege zwar für viele Fischarten, aber nicht für jedes Gewässer geeignet sind.
Im Süßwasser traten in wenigen oligotrophen Seen (Achensee) in manchen Jahren Probleme mit der Planktonmenge bzw. -diversität auf, sodass nicht genügend Nahrung für die Fische verfügbar war. Bei Äschen trat zusätzlich ein Befall mit Endoparasiten (Bandwürmern) auf, wobei die Verluste stark ansteigen. Hechte dagegen können nur während der ersten 2-3 Wochen erfolgreich in Unterwassergehegen vorgestreckt werden, da den schnellwachsenden Fischen nur in der Nacht genug Nahrung zu Verfügung stand und sich die Fische bei einer Produktionsdauer von mehr als 3 Wochen und ab einer Größe von 2-3 cm am Tag durch Kannibalismus selbst stark dezimierten.
Im Meerwasser traten in tropischen Regionen (Singapur) Probleme mit Ektoparasiten (Fischläusen) auf, die als Larven die Fische befielen und heranwuchsen, wobei die Verluste bei den Fischen stark anstiegen. Sehr kleine (unter ca. 3 mm) und empfindliche Fischlarven (wie z.B. Zackenbarsche) konnten im Meerwasser nicht in den beleuchteten Unterwasserkäfigen aufgezogen werden, da für diese Fischgröße so kleine Maschenweiten erforderlich sind, sodass die entsprechende Nährtiergröße nicht in ausreichenden Mengen angelockt werden konnte.

Produktionsergebnisse am Achensee

in beleuchteten Unterwassergehegen*:

(Nach: Steiner & Schotzko, unveröffentlicht)

Fischart	Seesaiblinge-	Seesaiblinge	Äschen+	Äschen
Besatzdatum	23.04.1988	15.04.1989	24.06.1988	23.06.1989
Besatzgröße	28 mm, 0,13 g	27 mm, 0,13 g	15 mm, 0,02 g	15 mm, 0,02 g
Besatzmenge	1.000 St./m3	2.000 St./m3	1.000 St./m3	4.400 St./m3
Maschenweite	1,0 mm	1,0 mm	1,0 mm	1,0 mm
Abfischdatum	22.09.1988	28.07.1989	22.09.1988	28.07.1989
Abfischgröße	55 mm, 1,13 g	39 mm, 0,40 g	40 mm, 0,50 g	34 mm, 0,20 g
Abfischmenge	100 St./m3-	1.260 St./m3	40 St./m3+	1.000 St./m3

* Gehegegröße: konisch/zylindrisch 2 m Ø, 2-4 m hoch = 10 m3;
- Planktonmangel: Verdauungstrakt 99 % Bosminen; + Bandwurmbefall: Prävalenz 80 %

Gehegeanlage mit Mehrfachkransystem und 6 zylindrischen Netzen (Achensee)

Gehegeanlage mit Einfachkransystem und 5 würfelförmigen Netzen (Mondsee)

Gehegeanlage mit Einfachkransystem und 4 würfelförmigen Netzen (Weissensee)

Produktionsergebnisse am Mondsee
in beleuchteten Unterwassergehegen*:
(Nach: Steiner, unveröffentlicht)

Fischart	Besatzgröße	Besatzmenge	Abfischgröße	Abfischmenge
Seesaibling	0,07 g	3.150 St./m3	0,50 g	2.970 St./m3

* Produktionszeit: 63 Tage (April-Mai 1992); Maschenweite: 1,0 mm; Wassertemperatur 5-10 °C, Zooplanktonbiomasse 0,2-0,8 g/m3

Eine weitere Gehegeanlage mit 4 Netzen (á 2x2x2 m) wurde am Weissensee für die Aufzucht und den Bestandsaufbau von heimischen Seeforellen (*Salmo trutta*) errichtet. Diese Anlage wurde vom Bewirtschafter des Sees jeweils von April bis Juni betrieben. Es fehlen daher genaue Aufzeichnungen über die Produktionsergebnisse. Da die Fische ohne Protokollierung der Abfischung in den See gesetzt wurden, sind nur die Besatzmengen festgehalten, welche pro Jahr insgesamt 30.000-50.000 Stück (im Durchschnitt also rund 10.000 Stück pro Gehege) betrugen.
Genauere Aufzeichnungen der Produktionsergebnisse liegen von Versuchen in der Lagune von Venedig (Insel Santa Cristina) vor. Dort wurden u.a. Wolfsbarsche (*Dicentrarchus labrax*) in beleuchteten Unterwassergehegen im Salzwasser vorgestreckt. Diese Fische waren allerdings bereits als angefütterte Brut eingesetzt worden.

Produktionsergebnisse in der Lagune von Venedig
in beleuchteten Unterwassergehegen*:
(Nach: Steiner, 1992)

Fischart	Besatzgröße	Besatzmenge	Abfischgröße	Abfischmenge
Wolfsbarsch	0,10 g	1.000 St./m3	2,70 g	930 St./m3

* Produktionsdauer: 40 Tage (Juli-August 1988); Maschenweite: 1,0 mm; Wassertemperatur 20-30 °C, Salinität 25-28 ‰

Maschenweiten (mm) für Gehegenetze bei Brutbesatz
in Abhängigkeit von der Fischart:
(Nach: Jäger et al., 1984; Mamcarz, 1989; Steiner, 1992)

Fischart	Minimal	Maximal	Optimal
Seeforellen *(Salmo trutta)*	1,5	2,0	1,8
Seesaiblinge *(Salvelinus alpinus)*	1,0	1,4	1,2
Äschen *(Thymallus thymallus)*	0,9	1,2	1,0
Gr. Maränen *(Coregonus lavaretus)*	0,9	1,1	1,0
Kl. Maränen *(Coregonus albula)*	0,7	0,9	0,8
Hechte *(Esox lucius)*	1,0	1,3	1,2
Zander *(Sander lucioperca)*	0,4	0,6	0,5
Rutten *(Lota lota)*	0,3	0,5	0,4

Neben den eigenen Versuchen wurden aber auch von einer Reihe anderer Autoren Erfahrungen mit verschiedensten Fischarten in beleuchteten Netzgehegen dokumentiert. Die meisten Ergebnisse liegen für Coregonen (Renken, Schnäpel, Maränen) aus Polen und Deutschland vor (Jäger et al., 1984; Mamcarz, 1989). Dabei werden die Fische häufig mit Überlebensraten von 26-64 % bis zum Herbst in den Unterwassergehegen aufgezogen. Es kommen größere Maschenweiten (2-4 mm) zum Einsatz und die Besatzmenge wird reduziert.
In Polen wurden Peledmaränen (*Coregonus peled*) mit einer Besatzdichte von 125 Stück/m^3 aufgezogen (Mamcarz, 1989). Während der 15-wöchigen Aufzuchtdauer wuchsen sie von 26,9 mm (0,13 g) auf 124,7 mm (18,23 g) und die Überlebensrate betrug im Mittel 54 %. Allerdings hing die Überlebensrate und damit die erreichte Fischbiomasse stark vom Gehegestandort ab (Litoral – 59,1 %: 9,0 m Gewässertiefe, 50 m entfernt vom Ufer; Zentral – 23,3 %: 14,5 m Gewässertiefe, 100 m vom Ufer; Pelagial – 79,6 %: 13,0 m Gewässertiefe, 280 m vom Ufer). Das weitere Aufziehen über den Winter brachte keinen Erfolg und reduzierte die Biomasse stark durch Verluste (siehe Abb.).
In Deutschland wurden Zander (*Sander lucioperca*) mit einer Besatzdichte von 1.875 Stück/m^3 aufgezogen (Jäger et al., 1984). Während der 4-wöchigen Aufzuchtdauer (Wassertemperatur 20-21 °C) wuchsen sie von 4,5 mm (4 mg) auf 20,0 mm (100 mg). Die Überlebensrate betrug währen der ersten 3 Wochen 72 %, nach der 4. Woche lag sie bei nur noch 44 %. Es traten verstärkt Probleme mit Krankheiten und Parasiten auf.
In Italien wurden Flussbarsche (*Perca fluviatilis*) mit einer Besatzdichte von 120 Stück/m^3 aufgezogen (Ceccuzzi et al., 2010). Während der 3-monatigen Aufzuchtdauer (Wassertemperatur 23-24 °C) wuchsen sie von 2,8 cm (0,25 g) auf 8,1 cm (6,30 g) und die Überlebensrate betrug 61 %. Der Besatz erfolgte allerdings mit angefütterter bzw. vorgestreckter Brut.
In Polen wurden Rutten (*Lota lota*) mit einer Besatzdichte von 1.250 Stück/m^3 aufgezogen (Furgała-Selezniow et al., 2014). Während der 6-wöchigen Aufzuchtdauer (Wassertemperatur 4,5-17,0 °C) wuchsen sie von 15,2-22,4 mm (40,5-101,1 mg) auf 26,7-33,1 mm (156,7-272,6 mg) heran; die Überlebensrate betrug 64-77 %. Die Anzahl an Nährtieren im Verdauungstrakt pro Individuum stieg von etwa 40 auf 200, wobei Copepoden bevorzugt wurden. Allerdings waren die Larven bereits vor dem Versuch für 20 Tage mit Salinenkrebschen (*Artemia* sp.) angefüttert worden.
Ebenfalls in Polen wurden Versuche mit Rapfen (*Aspius aspius*) (Mamcarz et al., 2001) und Brachsen (*Abramis brama*) (Ziliukiene, 2005) durchgeführt.

Fischbiomasse von Peledmaränen
in Abhängigkeit vom Gehegestandort:
(Nach: Mamcarz, 1989)

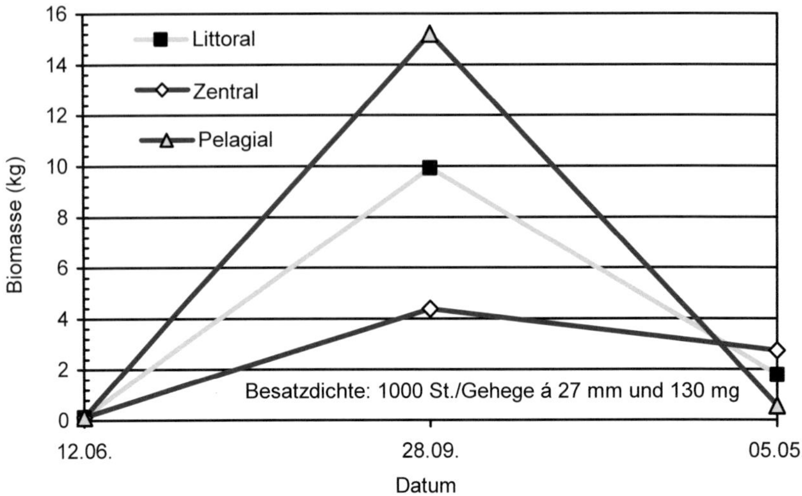

Tageszeitabhängige Zooplanktondichten
innerhalb und außerhalb eines Gehegenetzes:
(Nach: Ceccuzzi et al., 2010)

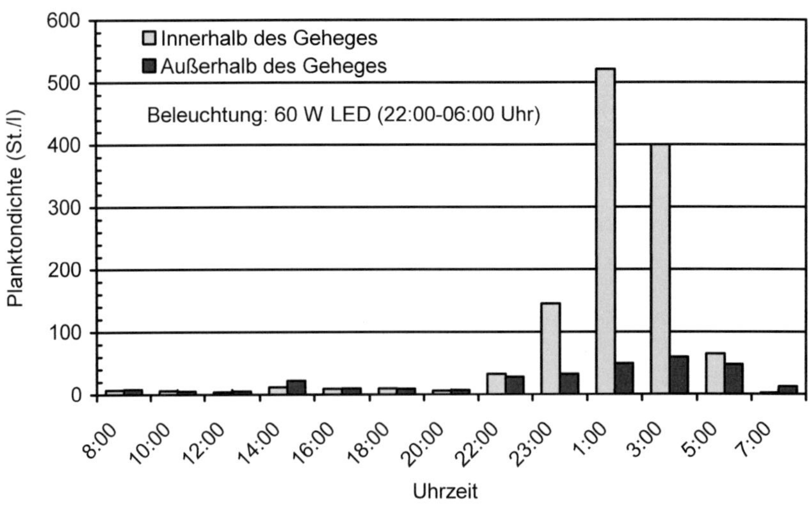

Zahlreiche weitere Fischarten wurden schon in beleuchteten Unterwassergehegen erfolgreich aufgezogen. Es ist daher davon auszugehen, dass fast alle heimischen Fischarten mit dieser Methode aufgezogen werden können.
Die erfolgreiche Anwendung dieser Produktionsmethodik erfordert allerdings eine spezielle Einstellung auf die Bedingungen im natürlichen Lebensraum, insbesondere die Planktonentwicklung. Zuwenig wurde in den bisher vorliegenden Arbeiten auf die Risiken eingegangen, die den Einsatz dieser Methode limitieren, aber durch strategische Maßnahmen minimiert werden können.
Das Hauptrisiko besteht in der Entwicklung starker und länger anhaltender Algenblüten, die in unserer Region zumeist im Spätfrühjahr und Frühsommer, in einigen Fällen jedoch auch bereits zu Frühjahrsbeginn auftreten können. Je nach den auftretenden Algenarten besteht das Risiko entweder nur im Verlegen der Gehegenetze oder zusätzlich durch direkte mechanische oder sogar toxische Schädigung der Fischlarven.
In sehr stark eutrophierten Teichen oder Lagunen können zudem vor allem an heißen und windstillen Sommertagen so gravierende Sauerstoffprobleme auftreten, dass der vorübergehende Einsatz von Belüftern erforderlich wird (z. B. in der Lagune von Venedig). Algenmassenentwicklungen in gefährlicher Dimension treten allerdings nicht in allen Gewässern auf und betreffen auch nicht immer das gesamte Gewässerareal, manchmal sogar nur kleine Bereiche.
Andere Risiken bestehen in einem permanent oder längerfristig zu geringen Nährtierangebot, dem Befall mit Ekto- und Entoparasiten oder der Schädigung durch den Eintritt anderer gefährlicher Organismen im marinen Bereich (z. B.: *Branchiura, Medusa* etc.).
Die Standortwahl, das heißt, die gezielte Auswahl des Gewässers (See, Teich, Lagune etc.) und die Position innerhalb des Gewässers ist daher eine entscheidende Voraussetzung für den Erfolg bei der Anwendung. Für das ausgewählte Gewässer sollten ausreichend Informationen über die Planktonentwicklung (Phyto- und Zooplankton) im Jahresverlauf in qualitativer und quantitativer Hinsicht vorliegen. Bei der Wahl der Anlagenposition im jeweiligen Gewässer sind in erster Linie die Faktoren Uferdistanz, Wassertiefe und Strömung zu berücksichtigen.
Regelmäßige Beobachtungen der Planktonentwicklung sind unbedingt erforderlich, um im Falle auftretender Algenblüten kurzfristig reagieren zu können, z. B. durch entsprechend kürzere Reinigungsintervalle, Veränderung der Absenktiefe der Gehege oder, im Extremfall, durch Abbruch der Produktion.
Diese Aufzuchtmethode ist aufgrund der extensiven Produktionsform ökologisch absolut unbedenklich in ihren Auswirkungen auf das jeweilige Gewässer. Es wird weder gedüngt noch zugefüttert.

Die Anlagentechnik kann so gebaut werden, dass keinerlei Fremdstoffe (Farbstoffe, Metallsalze etc.) in das Gewässer abgegeben werden. Der Planktonverbrauch ist minimal; er beträgt wegen der verlustlosen Futterverwertung nur einen Teil der in herkömmlichen landgebundenen Anlagen verbrauchten Mengen.

Die Methode der Setzlingsproduktion in beleuchteten Unterwassergehegen stellt einen innovativen Beitrag für die Weiterentwicklung der Fischzucht im Allgemeinen, insbesondere in Bezug auf den wirtschaftlichen und ökologischen Aspekt dar.

Neben dem schadstofffreien Anlagenbetrieb bestehen vor allem aufgrund der vertretbaren Anlagenkosten und der Wirtschaftlichkeit der Produktion gute Aussichten für die Setzlingsproduktion. Die Methode kann auf diese Art und Weise auch einen wichtigen Beitrag für eine „autochthone“ fischereiliche Gewässerbewirtschaftung leisten.

Die erreichbare Fischbiomasse in den beleuchteten Netzgehegen in stehenden Gewässern liegt in Abhängigkeit von der Trophie bei bis zu 1, 2 bzw. 3 kg/m^3 (oligo-, meso-, und eutroph).

In Anbetracht der hohen Kosten und personellen Anforderungen, die durch die komplizierten Technologien im Bereich konventioneller Meeresfischzuchten auftreten, bietet sich die Umstellung auf einfachere, effizientere und ökonomisch vertretbare Methoden an, um die Versorgung von Fischzucht- und Ranching-Vorhaben mit Setzlingen quantitativ und qualitativ zu ermöglichen. Die Voraussetzung dafür sind allerdings gezielte Untersuchungen der Planktonentwicklung im Bereich des jeweiligen Standortes (Lagunen, Buchten, etc.).

Sowohl in der Süßwasser- als auch der Meeresfischzucht besteht zunehmend Bedarf an Aufzuchtmethoden auf Naturplanktonbasis, sofern die Funktion bzw. der Erfolg bei angemessenen Kosten gewährleistet ist, wie es bei der hier beschriebenen Betriebsart der Fall ist.

Die universell einsetzbare Anlagentechnik erlaubt durch modulare Bauweise die Konstruktion von Unterwassergehegesystemen (UWGS) mit einer unterschiedlichen Anzahl von Netzen, sodass die Anlagengröße an den Bedarf und die Rahmenbedingungen für jeden Standort angepasst werden kann.

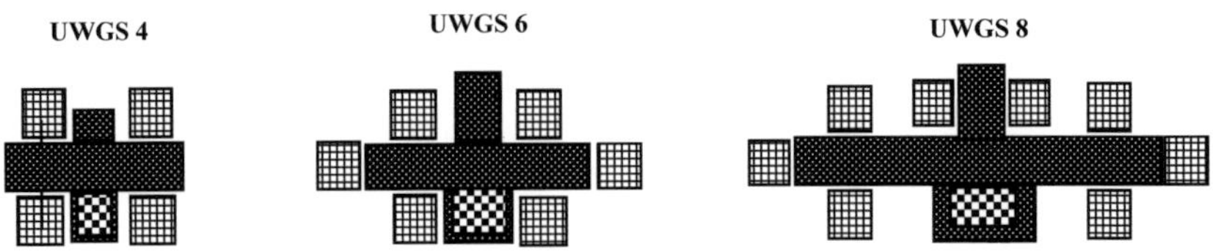

Skizzen von Gehegeanlagen mit 4-8 Netzen (Beispiele)

Planktonlichtfallen

In den 1980er Jahren wurde der Fang von Zooplankton mittels Lichtfallen weiterentwickelt. Im Rahmen einer Pilotstudie wurden bei Vorversuchen im Brackwasser auf der Insel „Santa Cristina" in der Lagune von Venedig (Italien) ein spezielles Lichtfallensystem konstruiert, erprobt und (1988) erfolgsversprechend an juvenilen Wolfsbarschen (*Dicentrarchus labrax*) getestet.
Im Rahmen einer Kooperation mit der "Marine Aquaculture Section" des "Primary Production Department" der Republik Singapur wurde dieses Lichtfallensystem (1989-1990) für den selektiven Fang von Plankton im Meerwasser eingesetzt und das so gewonnene Zooplankton in der Larvenaufzucht an Zackenbarschen (*Epinephelus tauvina*) erprobt.
Die Funktion dieses Systems beruht auf dem positiv phototaktischen Verhalten des Crustaceenplanktons, das während der Dunkelheit (ca. 12 h) von einer Lampe durch ein oder mehrere Siebnetze ins Zentrum gelockt wird und von dort mittels einer Pumpe intermittierend in ein Auffangnetz befördert wird. Durch den Einsatz und die Kombination unterschiedlichster Maschenweiten für Sieb- und Auffangnetz, ermöglicht diese Technik den regelmäßigen und automatisierten Fang von kleinem bis mittelgroßem Crustaceenplankton in sehr reiner Form und gezielter Fraktionierung. Durch die Verwendung von Photovoltaikpaneelen ist diese Technik unabhängig und überall einsetzbar.

Die Planktonfallen bestanden jeweils aus den folgenden Komponenten:

1.) Schwimmkörper:	32 Kunststoffpontons (50x50 cm) 17 Verbindungsbolzen 22 Randverschraubungen
2.) Solaranlage:	6 Photovoltaikpaneele (12 V, 10 A) 2 Akkumulatoren (12 V, 150 Ah) 1 Aluminiumgestell und Kunststoffbox 1 Ladestromregler und Dämmerungsschalter
3.) Pumpanlage:	4 Bilgepumpen (12 V, 7 A) 4 Halogenleuchten (12 V, 10 W) 4 Aufhängungen, Kabel und Schläuche/Rohre
4.) Siebnetze:	4 Netze (Ø 60 cm, H 40 cm), MW 50-1000 µm
5.) Schutznetze:	4 Netze (Ø 90 cm, H 60 cm), MW 1000-2000 µm
6.) Auffangnetze:	2 Netze (Ø 150 cm, H 60 cm), MW 25-300 µm

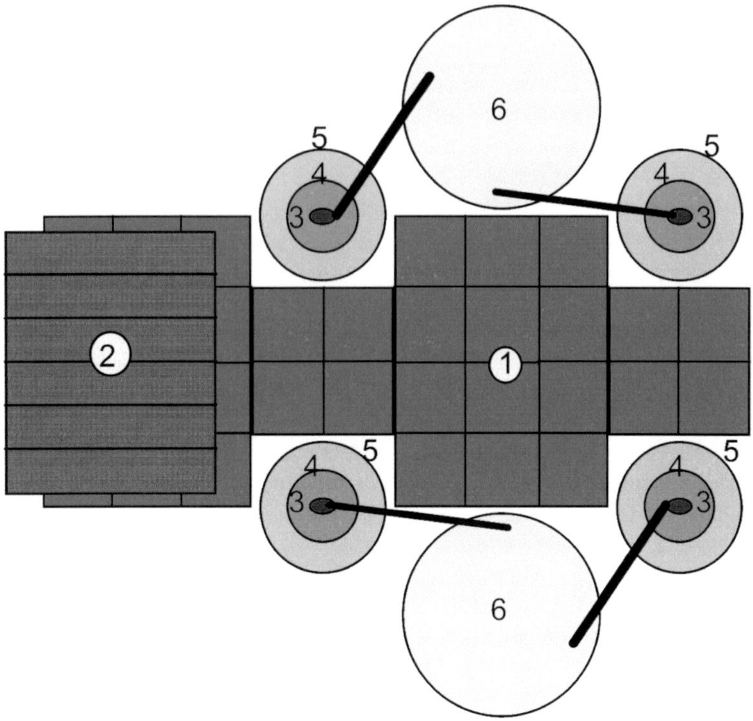

Skizze einer Planktonfalle und deren Komponenten (Draufsicht)

Insgesamt wurden drei gleichwertige Fallensysteme an zwei unterschiedlichen Standorten im marinen Milieu in den Tropen eingesetzt:

- Experimentelle Fischzucht, Johor Strait (JS) - im Meer
- Kommerzielle Garnelenzucht, Pulau Ubin (PU) - im Teich

Im Meer (JS) musste die Falle mit einem Strömungsschutz ausgestattet werden, da hier sehr starke Gezeitenströmungen (bis über 2 kn) auftraten,
Die Teiche (PU) wurden nach der herkömmlichen Methode semiintensiv bewirtschaftet (Trockenlegung, Desinfektion mit Kalk, Düngung mit anorganischem Dünger (50 kg), Bespannung über ein Sieb (300 µm), Belüftung mit Schaufelradbelüftern). Die Teiche hatten eine Fläche von etwa einem Hektar und eine mittlere Tiefe von 1 m. Eine wesentliche Voraussetzung für eine beständige und ertragreiche Entwicklung des Zooplanktons ist die planmäßige Bewirtschaftung der Teiche (Wasseraustausch, Belüftung etc.). Diese Voraussetzungen wurden in den Garnelenteichen nicht immer eingehalten, wodurch immer wieder ein Zusammenbruch der Planktonentwicklung eintrat.

Planktonfalle in einem Garnelenteich (PU)

Planktonfalle mit Auffangeinheit (links) und Fangeinheit (rechts)

Das Testprogramm für die Fallen lief über rund 100 Tage unter Einsatz von zylindrischen Netzen (oben offen) mit unterschiedlichen Maschenweiten und Kombinationen. Das Schutznetz (Ø 90 cm, Höhe 60 cm) verhindert den Eintritt unerwünschter größerer Organismen (Fische und Garnelen) in den stärker beleuchteten Bereich der Fallen. Für den Fang von marinem Crustaceenplankton und um auch größeren Krebstieren (bis 4 mm Länge) den unbehinderten Eintritt zu ermöglichen, hat sich eine Maschenweite von 1.000 µm für das Schutznetz als ideal erwiesen.

Das Siebnetz (Ø 60 cm, Höhe 40 cm) bestimmt die Maximalgröße der eintretenden Organismen in den Fangbereich der Fallen. Insgesamt wurden Maschenweiten zwischen 50 µm und 2.000 µm getestet. Die Fänge bestanden zum Großteil (> 90 %) aus Copepoden. Das Größenspektrum (Länge) dieser Krebstiere in den Küstengewässern um Singapur reicht von 70 µm (Nauplien) bis 1.800 µm (adulte). Die Selektion der Copepoden wird durch ihre Körperbreite bestimmt. Das Breiten- zu Längenverhältnis beträgt für adulte Copepoden und späte Copepoditstadien (Stadium 3-5) ca. 1:4, bei frühen Copepoditstadien (Stadium 1-2) und Nauplien (Larven) nimmt diese Relation bis auf ca. 1:1 ab. Die Maschenweiten der Siebnetze konnte daher auf den Bereich zwischen 100 µm und 300 µm eingeschränkt werden. Die Auffangnetze (Ø 150 cm, Höhe 60 cm) dienen sowohl der Hälterung der im Verlauf der Nachtstunden periodisch abgepumpten Planktonorganismen als auch einer weiteren Selektion in Bezug auf die Mindestgröße derselben. Bei den getesteten Auffangnetzen erwiesen sich die Maschenweiten zwischen 25 µm und 100 µm als zweckmäßig und effektiv. Mit der gezielten Kombination von Sieb- und Auffangnetz kann so eine exakte Einstellung der gewünschten Größenklasse erreicht werden.

Als Lichtquellen wurden Halogenlampen (12 Volt) von unterschiedlicher Leistungsstärke (10-50 Watt) getestet. Die Lichtstärke dieses Leistungsbereichs hatte aber keinen Einfluss auf die Planktonfangerträge, sodass die Leistungsstärke der Halogenlampen auf 10 Watt reduziert werden konnte. Weiteres wurden durch Tests mit verschiedenen Intervall- und Betriebszeiten der Tauchpumpe (auch zur Vermeidung der Fluchtreaktion des Zooplanktons), die optimalen Schaltzeiten ermittelt. Durch Beobachtung konnte festgestellt werden, dass sich oft schon nach 1-2 Minuten ein abpumpbarer „Schwarm" an Plankton um das Licht ansammelte. Dieser konnte von der Pumpe in 5-10 Sekunden abgepumpt werden. Bei größeren Planktonmengen (ab 300-400 g) und kurzen Pumpzeiten (5 Sek.) trat jedoch oft eine hohe Mortalität von bis zu 90 % in den Auffangnetzen auf. Unter Berücksichtigung dieser Einschränkungen wurden folgende Schaltzeiten als optimal ermittelt: Intervalldauer 4-5 Minuten – Betriebsdauer 10-15 Sekunden.

Zur besseren Frischwasser- und Sauerstoffversorgung größerer Planktondichten in den Auffangnetzen kann die Intervalldauer ohne Fangverluste aber auch weiter herabgesetzt werden (2 Minuten).
Die Aktivierung der Falle (Licht) erfolgte dabei automatisch bei Einbruch der Dämmerung mittels Dämmerungsschalters. Für den weitgehend störungsfreien Betrieb und um das Zuwachsen der Netzmaschen mit Algen zu vermeiden wurden die Netze (sowie Lampen/Pumpen) täglich am Abend gesetzt und am Morgen früh gelehrt und gereinigt.
In den durchhängenden Schläuchen blieb oft Plankton zurück. Daher wurden diese durch Rohre ersetzt. Während der Tests wurde die Technik (Aufhängung, Bügel, Netze) weiter verbessert.

Maximale Planktonfangergebnisse je Netzeinheit und Nacht
in Abhängigkeit eingesetzter Maschenweiten:
(Nach: Steiner et al., 1990)

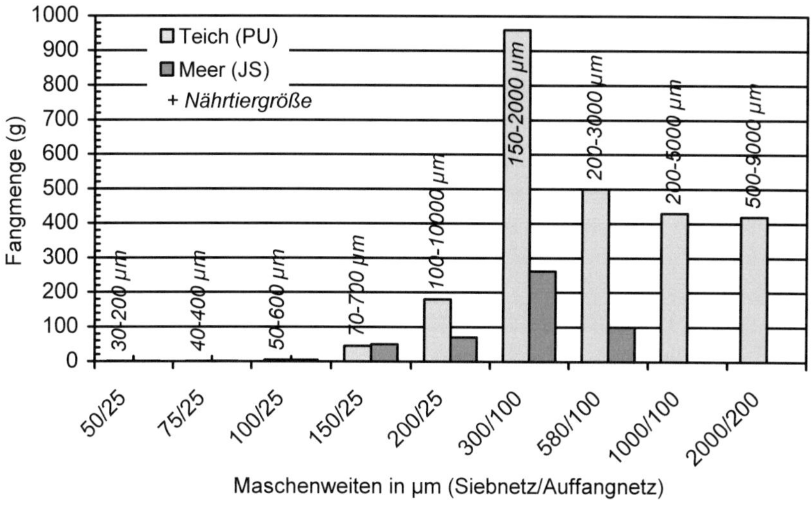

Aufteilung der Maximalernten
auf einzelne Planktonformen und Größenklassen:
(Nach: Steiner et al., 1990)

Planktonformen	Maximalernten	Größenklassen
Muschellarven	1 g	60-80 µm
Rotatorien	10 g	80-150 µm
Nauplien	20 g	100-300 µm
Copepoden (klein)	200 g	300-750 µm
Copepoden (groß)	800 g	750-1250 µm
Sonstige	60 g	2000-9000 µm

Gewichtsanteil der Planktonformen je Netzeinheit
im Teich (Pulau Ubin) und Meer (Johore Strait):
(Nach: Steiner et al., 1990)

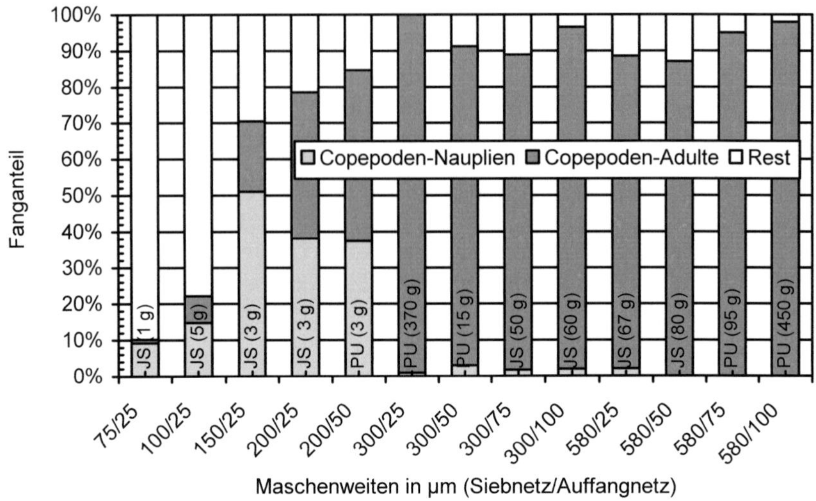

Ausreichende Fänge wurden erst ab einer Maschenweite der Siebnetze von 150 µm erzielt (siehe Abb.). Die Erträge der Falleneinheiten im Meer (JS) liegen dabei zumindest bei den größeren Plankton-organismen (400-1.200 µm) deutlich unter jenen im Teich (PU).
Das mit den Lichtfallen gefangene Plankton setzt sich insgesamt aus einer Vielzahl an Organismen unterschiedlicher Stämme und Klassen, von Mikroalgen über Würmer und Quallen bis Fischlarven zusammen. Den größten Bestandteil bildet jedoch das Crustaceenplankton, wobei Copepoden mit über 90 % dominieren und mit den unterschiedlichen Entwicklungsstadien einen Größenbereich von 70-1.800 µm abdecken.

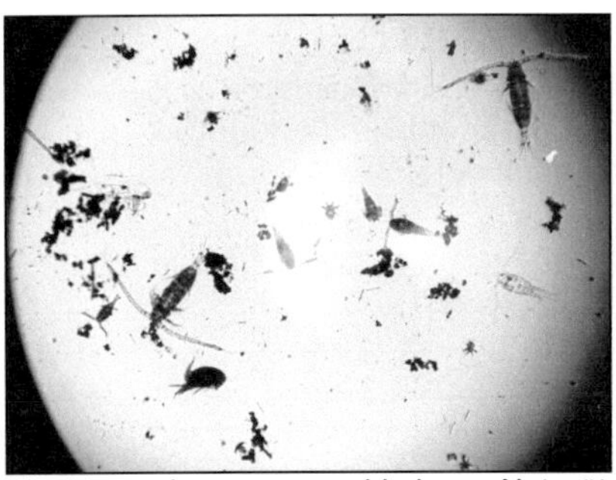
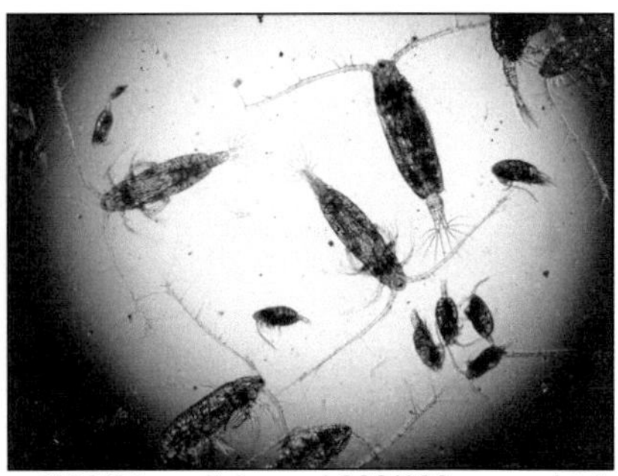

Planktonproben von verschiedenen Netzsätzen (150/25 µm links und 300/100 µm rechts)

Identifizierte Planktonorganismen und Größenangaben
aus den Fallen im Teich (Pulau Ubin) und im Meer (Johore Strait):
(Nach: Steiner et al., 1990)

Hauptgruppen	**Untergruppen**	**Größenangaben**	
Stämme	**Klasse - Gattung**	**Breiten (µm)**	**Längen (µm)**
Phycophyta (Algen)	Bacillariophyceae:		50-180
	Skeletonema, Bidulphia,		
	Pleurosigma, Nitzschia,		
	Chaetoceros, Coscinodiscus		
	Tetraselmis (PU)		
	Thalassionema (JS)		
	Streptotheca (JS)		
	Dinophyceae:	30-40	50-250
	Ceratium, Peridinium,		
	Noctiluca, Dinophysisi (JS)		
Ciliata (Wimpertierchen)	*Didinium*		50-80
	Favella	75-120	120-200
	Dinophysis (PU) *Undella* (PU)	30-50	60-90
	Tintinnidae (JS)	40-100	70-150
Cnidaria (Nesseltiere)	Hydrozoa:*		
	Hydroidea (JS)		100-500
	Siphonophora:		
	Cystonectidae		
Aschelminthes (Rundwürmer)	Rotatoria:		
	Synchaeta	70-100	150-250
	Trichocerca	60-80	170-200
	Brachionus (PU)	100-150	110-250
	Nematoda:* (PU)	50-250	750-2000
Plathelminthes (Plattwürmer)	Turbellaria:	150-300	250-600
Annelida (Ringelwürmer)	Polychaeta:		
	Errantia	70-500	150-6000
Chaetognatha (Pfeilwürmer)	Sagittoidea:*		
	Sagitta	100-500	1800-8000
Arthropoda (Gliederfüßer)	Copepoda:		
	Nauplii-Stadium	50-200	70-300
	Calanoidea	75-570	170-1800
	Harpacticoidea	80-180	200-600
	Cyclopoidea	100-170	170-300
	Ostracoda:	70-250	150-650
	Cirripedia:	100-250	125-600
	Isopoda:* (JS)	600-800	2000-3000
	Amphipoda: (JS)		2500-3000
	Decapoda:	300-1000	3000-9000
	Zoea-Stadium	200-400	500-2500
	Mysis-Stadium	150-370	2000-4000
Mollusca (Weichtiere)	Bivalvia-Larven:	60-70	60-230
	Veliger-Larven: (PU)	40-60	60-80
	Gastropoda-Larven:		100-250
Vertebrata (Wirbeltiere)	Pisces-Larven:	220-500	1000-3000

Anmerkungen: (PU) - nur im Teich (Pulau Ubin), (JS) - nur im Meer (Johore Strait), * - Ungeeignete oder gefährliche Organismen (wurden durch weitere Siebungen entfernt).

Maximale Planktonfangergebnisse je Netzeinheit und Nacht
im Teich (Pulau Ubin) und Meer (Johore Strait):
(Nach: Steiner et al., 1990)

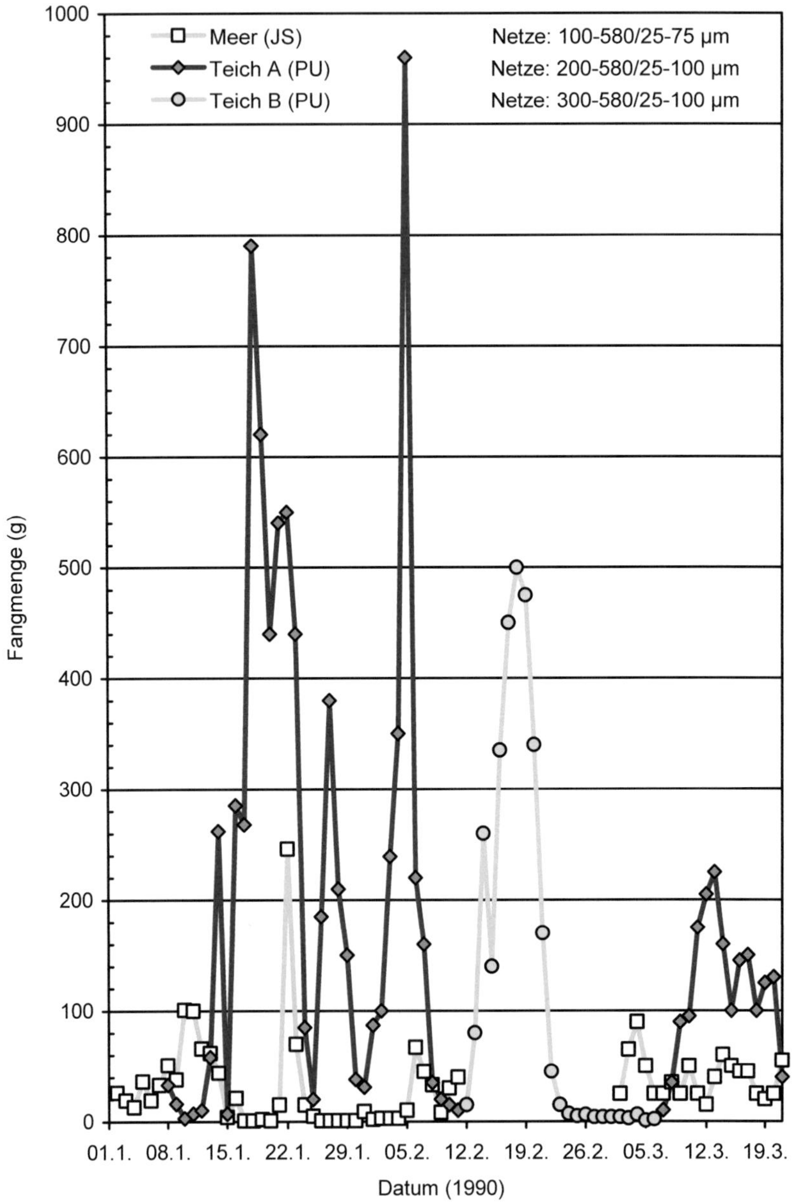

Das Zooplankton aus dem Meer ist wesentlich formenreicher als jenes aus den Teichen. Im Gegensatz zu den Fängen im Meer (JS) waren die Fänge im Teich (PU) frei von unerwünschten Isopoden und dem Massenauftreten von Medusen und Algen, stattdessen durch Rotatorien (*Brachionus*) bereichert, Nährtiere die auch in der herkömmlichen Brutaufzucht kultiviert und eingesetzt werden. Aus den Fangergebnissen der beiden Standorte ist jedoch keine qualitative Korrelation erkennbar.

Die Planktonernten aus den Teichen decken sich nicht mit den natürlichen Entwicklungszyklen, vor allem der Copepoden. Ein Zusammenbruch der Population kann bei ungünstiger Milieuentwicklung schon nach einigen Tagen eintreten. In den Teichen sollten bei entsprechender Bewirtschaftung und Betreuung jedoch ausreichende Planktondichten unter tropischen Bedingungen über einen Zeitraum von 1-3 Wochen aufrechterhalten werden können. Durch den Einsatz mehrerer Fallen und die Verwendung mehrerer (2-3) Teiche könnten so auch mittelgroße Brutaufzuchtanlagen kontinuierlich mit genügend Zooplankton in den entsprechenden Größenklassen versorgt werden.

Zeitplan für die Bewirtschaftung von drei Lagunenteichen
für die kontinuierliche Gewinnung von Zooplankton:
(Nach: Steiner et al., 1990)

Tage	Arbeitsschritte	Teichnummer	Synchronisation*
1	Teichvorbereitung	1	Tag -7
4	Teichfüllung	1	Tag -3
7	Teichbelüftung	1	Tag 0
8	Teichvorbereitung	2	Tag 1
9	Erntebeginn	1	Tag 2
11	Teichfüllung	2	Tag 4
14	Teichbelüftung	2	Tag 7
15	Teichvorbereitung	3	Tag 8
16	Erntebeginn	2	Tag 9
18	Teichfüllung	3	Tag 11
19	Teichvorbereitung	1	Tag 12
21	Teichbelüftung	3	Tag 14
23	Teichfüllung	1	Tag 16
24	Erntebeginn	3	Tag 17
26	Teichvorbereitung	2	Tag 19
27	Teichbelüftung	2	Tag 20
30	Teichfüllung	2	Tag 23
31	Erntebeginn	1	Tag 24
33	Teichbelüftung	2	Tag 26
34	Teichvorbereitung	3	Tag 27
36	Erntebeginn	2	Tag 29
38	Teichfüllung	3	Tag 31
41	Teichbelüftung	3	Tag 34
44	Erntebeginn	3	Tag 37

Anmerkung: * - Synchronisation mit dem Alter bzw. der Entwicklung der Fischlarven.

Die Planktonernten im Meer sind verstärkt natürlichen Schwankungen ausgesetzt. Im Meer (JS) konnten über einen Zeitraum von bis zu 30 Tagen andauernde Ernten erzielt werden. Die Unterbrechungen dauerten bis zu 12 Tage. Durch den Einsatz mehrerer Fallen an verschiedenen Standorten und der Verwendung unterschiedlicher Maschenweiten ergibt sich für den Bezug ausreichender Ernten eine gewisse Absicherung. Durch die Strömungen und die zeitweise starke Drift (Algen, Detritus) werden die Netze aber rasch verlegt und dies führt zu entsprechend geringen Fängen. Für beständige Ernten in solchen Gewässern ist der Einsatz einer anderen Fangmethode (Mehrfachsiebnetz) empfehlenswert.
Die Nährstoffanalyse des Crustaceenplanktons zeigt, dass der Nährwert im optimalen Bereich liegt. Das Meerwasserplankton unterscheidet sich bei den wesentlichen Basisstoffen (Eiweiß, Fett, Kohlenhydrate) nur durch einen geringeren Fettgehalt vom Süßwasserplankton (siehe Tab.).

Optimale Maschenweiten und Planktongrößen
für die Aufzucht von Zackenbarschen:
(Nach: Steiner et al., 1990)

Entwicklung	Fischlänge	Planktongröße	Siebnetz	Auffangnetz
Tag	**mm**	**µm**	**µm**	**µm**
3-8	2,0-3,5	40-500	100*	25
8-12	3,5-5,0	60-600	150	25
12-18	5,0-8,0	80-800	200	50
18-25	8,0-10,0	150-1000	250	75
25-40	10,0-30,0	200-1250	300	100

Anmerkung: * - Fangerträge sehr gering.

Nährstoffanalysen des Zooplanktons
aus verschiedenen Gewässern:
(Nach: Steiner et al., 1990)

Komponenten	Anostraca[1]	Copepoda[2]	Crustacea[3]	Euphausiacea[4]
Wasser	90,0 %	90,2 %	92,0 %	79,5 %
Roh-Protein	5,60 %	6,10 %	4,60 %	13,4 %
Roh-Fett	2,10 %	0,58 %	1,14 %	3,00 %
Roh-Faser	1,20 %	0,69 %	0,66 %	0,51 %
Roh-Asche	0,90 %	2,20 %	0,64 %	2,30 %
Phosphor	0,13 %	0,12 %	0,17 %	0,31 %
Kalzium	-	0,06 %	0,28 %	0,33 %
Kalium	-	0,16 %	0,07 %	0,23 %

[1] Anostraca (*Artemia* sp.) Nauplien 24 h nach Schlupf;
[2] Copepoda (Calanoidea, Cyclopoidea, Harpacticoidea);
[3] Copepoda + Cladocera (*Daphnia* sp, *Bosmina* sp., *Cyclops* sp., *Diaptomus* sp.) gefrostet;
[4] Euphausiacea (*Euphausia* sp.) gefrostet;

Die Planktonernten wurden täglich am Morgen in mehreren Kunststoffbehältern (20 l) im Volumenverhältnis (Plankton zu Meerwasser) von etwa 1:200 in die experimentelle Fischzucht (JS) transportiert (Transportdauer bis zu 30 Minuten). Der Lebendtransport größerer Mengen an Zooplankton ist nur über kurze Distanzen möglich. Transporte mit einer Dauer von mehr als einer Stunde sind bei tropischen Temperaturen äußerst riskant und erfordern ein enormes Wasservolumen. Beim Umsetzen von lebendem Plankton muss sehr schonend vorgegangen werden und das Zooplankton sollte möglichst immer im Wasser transferiert werden. Nach dem Transport erfolgte die Bestimmung des Nassgewichtes des Zooplanktons in abgetropftem Zustand. Zur Bestimmung der Prozentanteile der vertretenen Planktonformen und für die Analyse der Größenklassen wurde jeweils ein aliquoter Anteil entnommen, im Binokular und Mikroskop nach Möglichkeit frisch untersucht und anschließend in Meerwasser mit 4 % Formaldehyd fixiert. Der lebende Anteil der Planktonernten wurde in der experimentellen Fischzucht (JS) für die Larvenaufzucht von Zackenbarschen (hauptsächlich *Epinephelus tauvina*) verwendet.
Die Laichfische wurden in der Fischzucht (JS) in Gehegen und Becken gehältert, einer Hormonbehandlung unterzogen und nach 43-53 h künstlich vermehrt. Dabei wurden die Eier (ca. 250.000 Stück/kg Körpergewicht) abgestreift, mit Sperma (ca. 1 ml/Fisch) vermischt und erst dann mit (ca. 200 ml) Meerwasser (Salinität 25-28 ‰) durchmischt. Nach der Befruchtung wurden die Eier in Behältern (Volumen 30-70 l) mit gefiltertem Meerwasser erbrütet. Dabei sinken die unbefruchteten Eier zu Boden und werden abgesaugt, die befruchteten Eier schwimmen an der Oberfläche und werden (nach 12-14 h) in Aufzuchtbecken überführt (Aufschwimmrate 80-90 %, Befruchtungsrate 55-75 %, Schlupfrate 30-40 %). Die Larven schlüpfen bei einer Temperatur von 27-28 °C nach 23-25 Stunden.
Die Fütterungsversuche mit Zackenbarschen (*Epinephelus tauvina*) erfolgten in mehreren zylindrisch-konischen Rundbecken aus schwarzem glasfaser-verstärktem Polyester (Volumen 900 l) in einer experimentellen Fischzucht (JS). In den Aufzuchtbecken erfolgte ein täglicher Wasseraustausch mit gefiltertem Meerwasser, der von 20 % am 3. Tag kontinuierlich bis auf einen permanenten Durchfluss von 1 Liter pro Minute ab dem 12. Tag erhöht wurde. Zusätzlich erfolgte eine Belüftung in den Becken durch je 2 feinporige Ausströmer (von Tag 3 bis 12 nur sehr leicht). Weiteres wurde am Tag 2 eine Algenkultur (*Chlorella, Isochrysis, Tetraselmis*), ca. 50 Liter pro Becken, zugesetzt (20.000-200.000 Ind./ml), welche zur Stabilisierung des Wassers und zur Ernährung der Rotatorien beitragen sollte. Futterreste und Kotpartikel sowie verendete Tiere wurden täglich durch Absaugen vom Beckenboden entfernt.

Die Aufzucht vom Schlupf bis zur Metamorphose, welche üblicherweise etwa 40 Tage beträgt, wurde in 3 Zeitabschnitte gegliedert (Tag 0-12, Tag 12-25, Tag 25-40). Geplant war, das gefangene Zooplankton erst ab dem 12. Tag vergleichsweise mit den herkömmlich kultivierten Futterorganismen wie Muschellarven (*Perna*), Rotatorien (*Brachionus*) und Salinenkrebschen (*Artemia*) einzusetzen. Aus den Ernten der Lichtfallen ergaben sich aber immer wieder sehr kleine Planktongrößen und dadurch auch die Möglichkeit, ein Experiment mit früheren Larvenstadien (ab dem 8. Tag) durchzuführen.
Für den ersten Zeitabschnitt (Tag 0-12) wurden 4 Rundbecken wenige Stunden vor dem Schlupf mit jeweils 32.000 Eiern (ca. 36 Stück/l) besetzt, und ab Tag 3 dem herkömmlichen Futterregime unterworfen. Ein Becken wurde ab Tag 8 nur mit gefangenem Zooplankton versorgt.
Für den zweiten Zeitabschnitt (Tag 12-25) wurden 6 Rundbecken mit jeweils 1.200 Larven (ca. 1.130 Stück/m^3) besetzt, und davon jeweils 2 Becken mit verschiedenen Zooplanktondiäten (siehe Tab.) versorgt.
Für den dritten Zeitabschnitt (Tag 25-40) wurden 3 Rundbecken mit jeweils 900 Larven (ca. 1.000 Stück/m^3) besetzt, die aus den 2 größeren der vorher händisch in 3 Größen sortierten Sortierungen stammten (Länge ca. 10 mm), und davon je 1 Becken mit verschiedenen Zooplanktondiäten (kultiviert, gefangen, gemischt) versorgt.

Fütterungsregime der Zackenbarschlarven (*E. tauvina*)
für kultiviertes, gefangenes und gemischtes Plankton:
(Nach: Steiner et al., 1990)

Kultiviertes Plankton	Gemischtes Plankton	Gefangenes Plankton
5/ml Muschel-Larven*	5/ml Rotatorien"	2/ml Rotatorien
5-10/ml Rotatorien"	1/ml Artemia-Nauplien⁺	Copepoden-Nauplien
2/ml Artemia-Nauplien⁺	1/ml Copepoden-Nauplien	Decapoden-Zoeen, etc.

Anmerkung: * - bis Tag 12; " - bis Tag 20; ⁺ - ab Tag 12 (HUFA/PUFA-angereichert).

In der Fischzucht (JS) wurde ein Teil des lebend gefangenen Zooplanktons direkt in die Aufzuchtbecken, der andere Teil wurde in einen belüfteten Vorratsbehälter (Volumen 50 l) gegeben und von dort aus (2 mal/Tag) über Schläuche in die Aufzuchtbecken geleitet, um die vorgegebenen Futterdichten, wie bei den kultivierten Futterorganismen, nach Möglichkeit aufrecht zu erhalten.
Bei diesem Hauptversuch (Tag 0 = 09.02.1990) konnten, neben der Bestimmung des Wachstums und der jeweiligen Überlebensrate, die bereits in Vorversuchen begonnenen Untersuchungen des Verdauungstraktes über die gesamte Larvenphase bis zur Metamorphose durchgeführt werden. Außerdem wurden Verhaltensbeobachtungen mittels Videokamera dokumentiert (siehe Abb.).

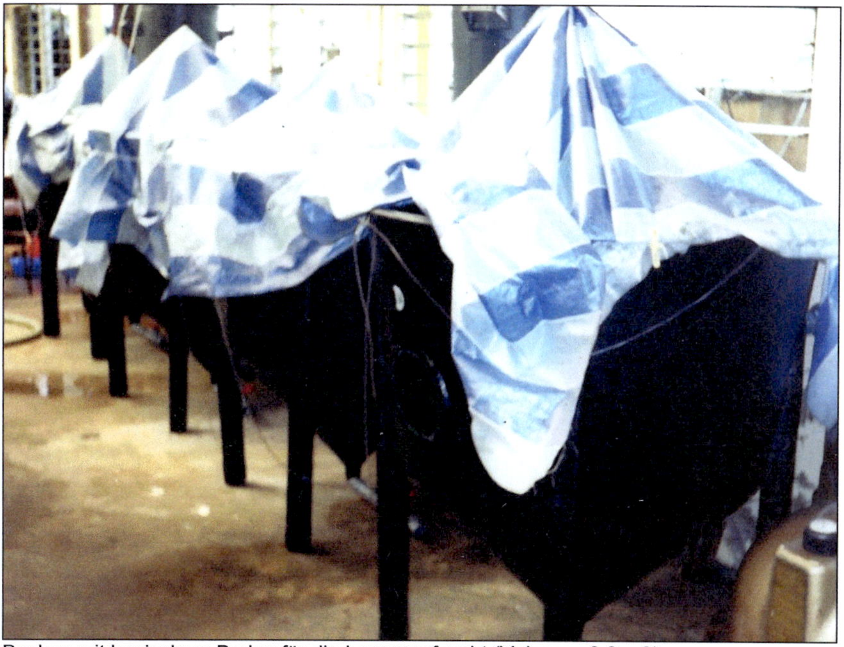

Becken mit konischem Boden für die Larvenaufzucht (Volumen 0,9 m3)

Becken mit flachem Boden für die Setzlingsaufzucht (Volumen 2,5 m3)

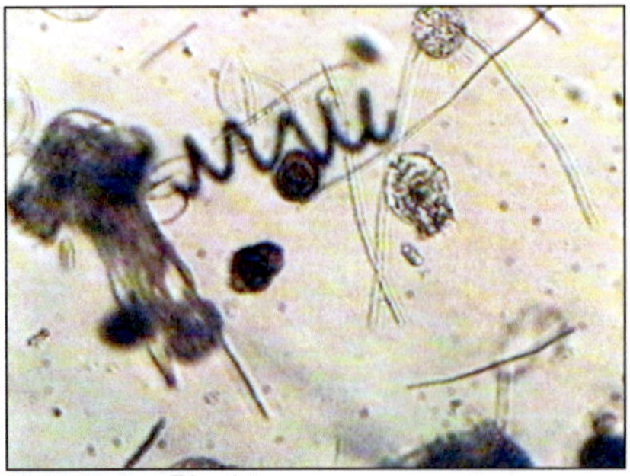

Kultiviertes Plankton

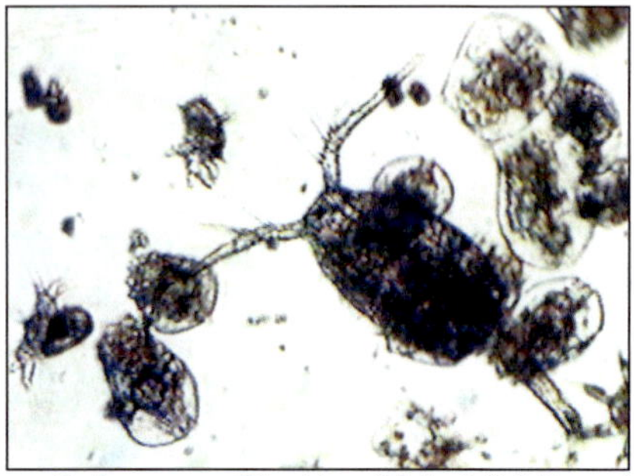

Gefangenes Plankton (klein 0,0-0,5 mm)

Gefangenes Plankton (mittel 0,5-1,0 mm)

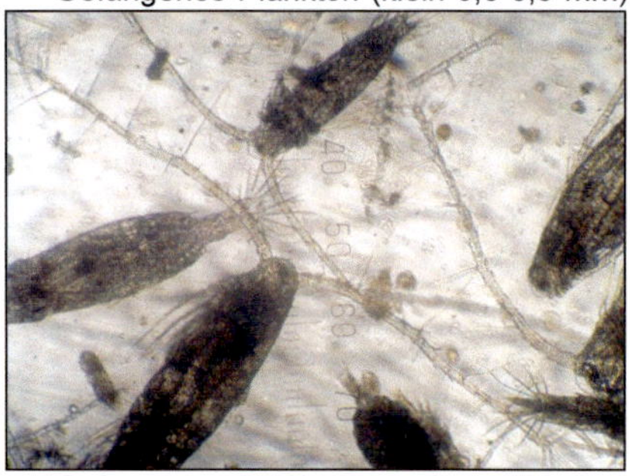

Gefangenes Plankton (groß 1,0-1,5 mm)

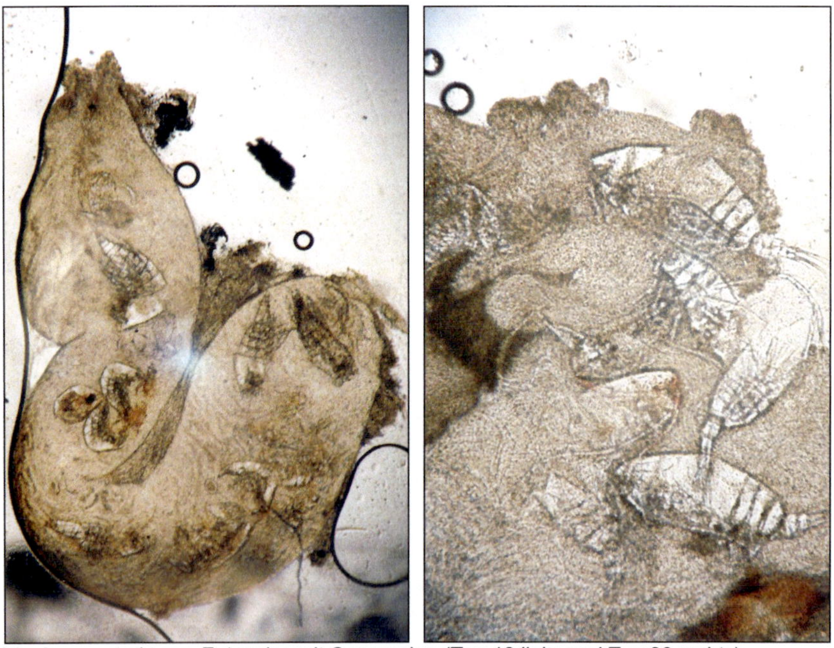

Verdauungstrakt von *E. tauvina* mit Copepoden (Tag 12 links und Tag 26 rechts)

Inhalt des Verdauungstraktes von Zackenbarschen (*E. tauvina*)
die mit kultiviertem Plankton gefüttert wurden:
(Nach: Steiner et al., 1990)

Zackenbarsche		Muschel-Larven		Rotatorien-Eier		Rotatorien-Adulte	
Alter	**Größe**	**Min-Max**	**B x L**	**Min-Max**	**B x L**	**Min-Max**	**B x L**
3	2,5	-	-	-	-	0-4	80x150
4	2,6	0-1	60x80	-	-	0-4	80x150
5	2,7	0-1	60x80	-	-	0-3	80x150
6	2,8	0-22	60x80	0-12	50x70	0-12	80x150
7	3,0	0-7	60x80	0-11	50x70	0-9	80x160
8	3,4	0-2	60x80	0-2	50x70	0-16	80x160
9	3,4	0-0	60x80	0-2	50x70	0-0	80x160
10	3,5	0-1	60x80	4-8	50x70	2-9	80x160
11	3,6	0-0	60x80	0-3	50x70	6-17	80x160
12	3,7	0-0	60x80	0-3	50x70	14-40	80x160

Inhalt des Verdauungstraktes von Zackenbarschen (*E. tauvina*)
die mit gefangenem Plankton gefüttert wurden:
(Nach: Steiner et al., 1990)

Zackenbarsche		Rotatorien		Nauplien		Copepoden	
Alter	**Größe**	**Min-Max**	**B x L**	**Min-Max**	**B x L**	**Min-Max**	**B x L**
8	3,4	0-8	80x160	0-1	60x120	0-0	80x200
9	3,6	1-15	80x160	0-4	60x120	0-4	80x250
10	4,0	0-27	80x160	0-2	80x150	0-7	100x300
11	4,3	1-22	80x150	0-1	60x120	0-8	100x350
12	5,2	0-4	80x150	0-1	60x120	2-15	150x500

Inhalt des Verdauungstraktes von Zackenbarschen (*E. tauvina*)
die mit kultiviertem und gefangenem Plankton gefüttert wurden:
(Nach: Steiner et al., 1990)

Zackenbarsche		Zooplankton		Zooplankton
Alter	**Größe**	**Min-Max**	**B x L**	**Formen**
3	2,5	0-4	80x150	Rotatorien
6	2,8	0-22	80x160	Rotatorien, Nauplien
9	3,5	0-15	80x200	Nauplien, Copepodite
12	4,2	0-40	150x500	Copepodite, Copepoden
15	5,2	0-10	200x700	Copepoden
18	6,9	0-46	250x1000	Copepoden
21	8,5	0-17	300x1200	Copepoden, Zoeen
25	9,7	0-10	400x1500	Copepoden, Zoeen

Abkürzungen:
Alter – ist der Entwicklungstag nach dem Schlupf;
Größe – ist die durchschnittliche Gesamtlänge in mm;
Min-Max – ist die Anzahl an Planktonorganismen je Fischlarve;
B x L – ist die maximale Breite x Länge der Planktonorganismen in µm.

In der ersten Aufzuchtphase (Tag 0-12) zeigte sich bei kultiviertem Plankton, dass Rotatorien bereits am 3. Tag nach dem Schlupf aufgenommen und vom 10. bis 12. Tag durchgehend voll gefressen wurden. Interessant ist die Tatsache, dass die Fischlarven auch die unbeweglichen Rotatorien-Eier akzeptierten (ab dem 6. Tag). Beachtenswert ist auch die Ablehnung der Muschellarven im Laufe der Entwicklung (ab dem 8. Tag). Bei gefangenem Plankton zeigte sich wiederum die gute Akzeptanz der Rotatorien. Copepoden-Nauplien könnten diese aufgrund ihrer Größe gut ersetzen, waren bei diesen Versuchen aber nur in geringen Mengen verfügbar. Der deutliche Wachstumsschub vom 8. zum 12. Tag ist eindeutig auf adulte Copepoden und Copepodite zurückzuführen.
In der zweiten Aufzuchtphase (Tag 12-25) zeigte sich bei kultiviertem Plankton, dass ab dem 12. Tag zusätzlich zu den Rotatorien auch einzelne Artemia-Nauplien aufgenommen wurden. Ab dem 15. Tag waren die Mägen einzelner Larven bereits voll mit Artemia-Nauplien. Bei gefangenem Plankton nahmen die Fische vorerst weiterhin Nauplien und Copepodite (Länge max. 0,5 mm) auf. Ab dem 18. Tag wurden bereits Copepoden (Länge max. 1,0 mm) gefressen und ab dem 25. Tag sogar einzelne Zoea-Stadien von Garnelen (Länge max. 1,5 mm).
In der dritten Aufzuchtphase (Tag 25-40) zeigte sich bei kultiviertem Plankton, dass Artemia-Nauplien bis zum 30. Tag voll gefressen wurden, anschließend nahm jedoch deren Anzahl in den Mägen deutlich ab. Bei gefangenem Plankton wurden weiter intensiv Copepoden (Länge max. 1,0 mm) aufgenommen. Am 29. Tag wiesen die Fischlarven bis zu 100 Copepoden im Verdauungstrakt auf.
In der ersten Aufzuchtphase (Tag 0-12) zeigte sich, dass die Larven in den ersten 3 Tagen nach dem Schlupf aufgrund der endogenen Ernährung (Dottersack) stetig an Länge zunehmen. Mit dem Einsetzen der exogenen Ernährung (Zooplankton) sollte sich dieser Längenzuwachs fortsetzen. Der durchschnittliche Zuwachs auf 3,4 mm Länge am 8. Tag ist jedoch relativ gering und ist zu diesem Zeitpunkt nicht mehr durch einen spezifisch trägen Übergang zur exogenen Ernährung erklärbar. Bei der Fütterung mit kultiviertem Zooplankton (Muschellarven und Rotatorien) kam es bis zum 12. Tag zu keiner signifikanten Längenzunahme, während bei der Fütterung von gefangenem Zooplankton (Copepoden-Nauplien) ein signifikanter Längenzuwachs und eine 6 Mal höhere Zuwachsrate (2 zu 13 %) eintrat (siehe Abb.). Auch die Größenklassenverteilung weist auf Grund der starken Streuung bei kultiviertem Plankton auf eine gestörte Entwicklung hin, während die Größenklassen bei gefangenem Plankton weitgehend normal verteilt sind. Eine hohe Mortalität trat bei allen Versuchen ab dem 5. Tag auf und wurden bis zum 7. Tag auf

durchschnittlich 90 % geschätzt. Dies könnte auf zahlreiche Ursachen (wie: Ei- oder Wasserqualität) zurückzuführen sein.
In der zweiten Aufzuchtphase (Tag 12-25) zeigte sich, dass trotz der vergleichsweisen ungenügenden Versorgung der Zuwachs mit gefangenem Plankton am höchsten und mit kultiviertem Plankton am geringsten war (siehe Abb.). Die Ursache für das stärkere Auseinanderwachsen der Gruppe, die gefangenes Plankton erhielt, liegt in der unregelmäßigen bzw. bei unzureichender Versorgung (Tage mit Fangausfall). Im Gegensatz zu den beiden anderen Versuchsgruppen konnte hier dann auch starker Kannibalismus beobachtet werden, der vor allem zum Ende dieser Aufzuchtphase einsetzte. Daraus resultiert auch die geringere Überlebensrate (ÜLR). Die erheblichen Unterschiede in den Überlebensraten (31,5 bzw. 58,7 = 45,1 %) zwischen den beiden Aufzuchtbecken mit gefangenem Zooplankton, sind daher auch auf eine unzureichende Betreuung zurückzuführen.
In der dritten Aufzuchtphase (Tag 25-40) zeigte sich ebenfalls, dass der Zuwachs mit gefangenem Plankton am höchsten und mit kultiviertem Plankton am geringsten war, der Unterschied ist aber noch deutlicher (siehe Abb.). Am 34. Tag hatten die ersten Larven (6 Individuen: 32-41 mm, 0,5-1,0 g) der Gruppe, die gefangenes Plankton erhielt, die Metamorphose zum Jungfisch bereits abgeschlossen (bei gemischtem Plankton am 36. Tag 5 Individuen und bei kultiviertem Plankton am 38. Tag 1 Individuum). Am 40. Tag hatten alle Fische der größeren Gruppe (>25 mm) die Metamorphose abgeschlossen. Am Ende waren die mit gefangenem Plankton gefütterten Fische (0,11-0,62 = 0,29 g) fast doppelt so schwer, wie die mit kultiviertem Plankton gefütterten Fische (0,05-0,90 = 0,16 g). Auch hier führte vor allem die unzureichende Rationierung des gefangenen Planktons zu Kannibalismus und ist die Ursache für die geringere Überlebensrate welche signifikant unter denen der beiden anderen Versuchsgruppen lag. Die Jungfische dieser Gruppe waren jedoch gesundheitlich einwandfrei und wesentlich aktiver als jene der beiden anderen Gruppen.
Anschließend wurden die verbliebenen Fische, die die Metamorphose bereits abgeschlossen hatten (Gruppe mit >25 mm), noch in einem Becken mit gefrostetem Meerwasserplankton (Euphausiaceen) und Mückenlarven (Chironomiden) weitergefüttert und erreichten am 47. Tag bei einer bei einer Überlebensrate von 64,4 %, eine Länge von 38 (31-53) mm und ein Gewicht von 1,1 (0,5-2,5) g.

Wachstum von Zackenbarschen (*E. tauvina*)
die mit verschiedenen Planktondiäten gefüttert wurden:
(Nach: Steiner et al., 1990)

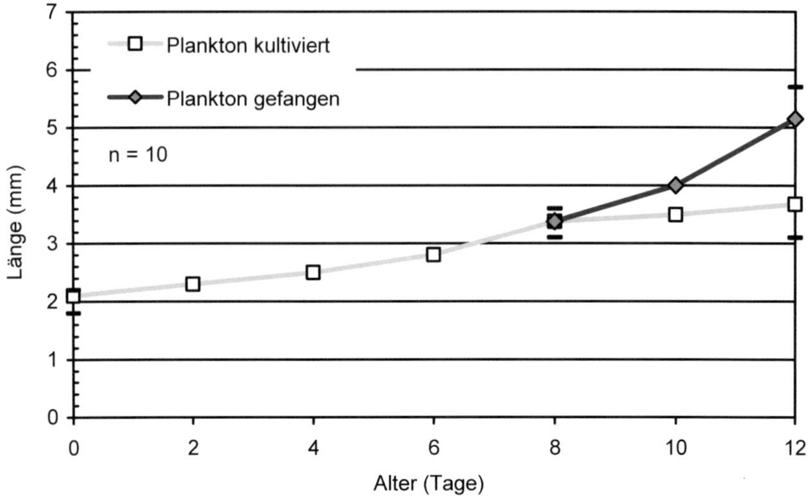

Wachstum von Zackenbarschen (*E. tauvina*)
die mit verschiedenen Planktondiäten gefüttert wurden:
(Nach: Steiner et al., 1990)

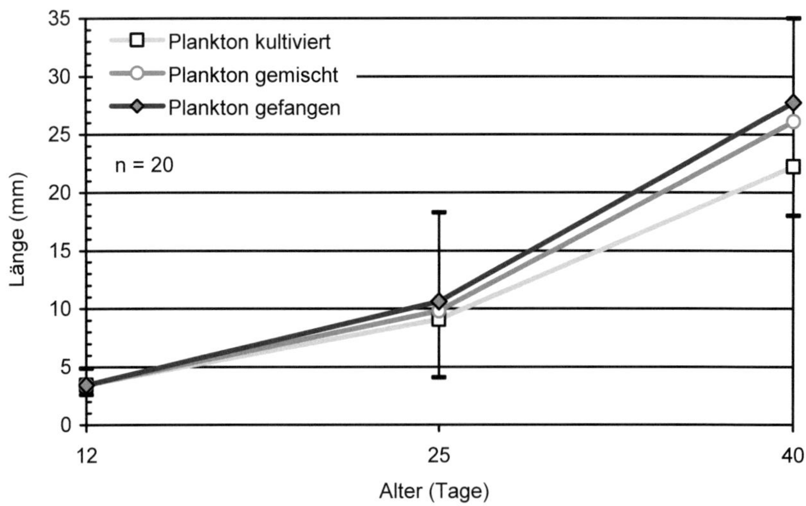

Längenfrequenzen von Zackenbarschen (am Tag 25)
die mit verschiedenen Planktondiäten gefüttert wurden:
(Nach: Steiner et al., 1990)

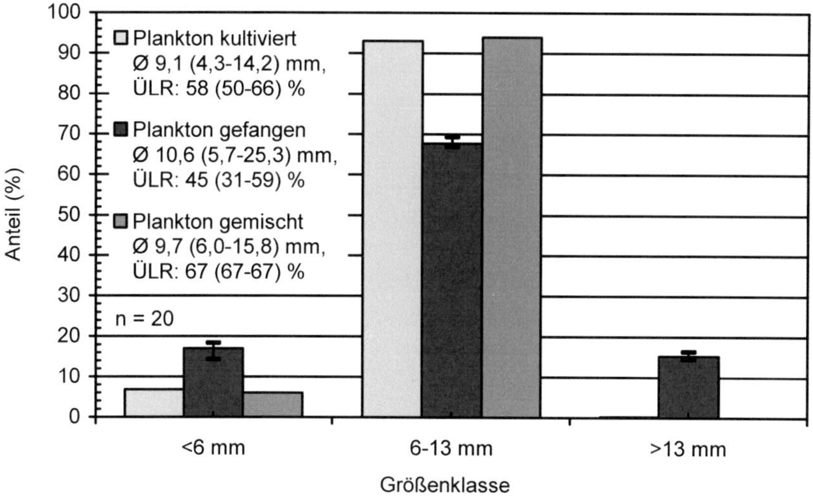

Längenfrequenzen von Zackenbarschen (am Tag 40)
die mit verschiedenen Planktondiäten gefüttert wurden:
(Nach: Steiner et al., 1990)

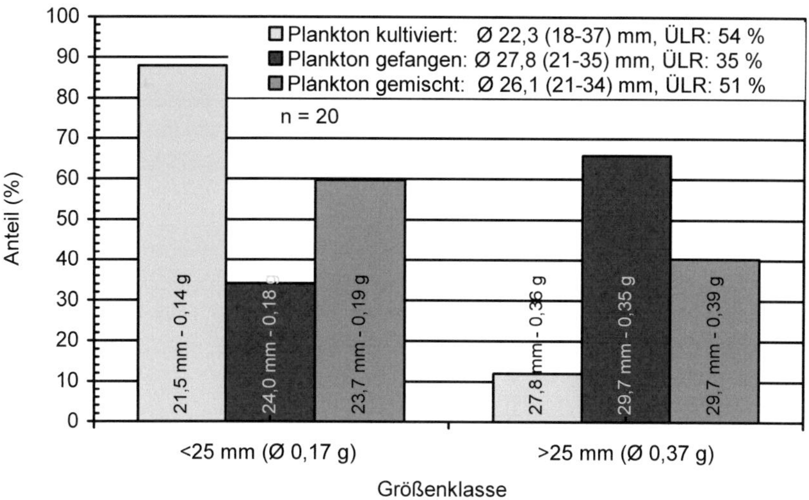

Durch den Einsatz einer speziellen Videokamera konnte das Verhalten der Planktonorganismen und der Fischlarven beobachtet und aufgezeichnet werden (siehe Abb.). Die Nutzung der Videotechnik für Verhaltensstudien an kleinen Organismen war damals besonders in Zusammenhang mit den Möglichkeiten von Aufzeichnung und Schnitt als effiziente Methode im Hinblick auf eine Klärung spezifischer Fragen in der Fischzucht anwendbar. Dafür wurde eine herkömmliche Farbkamera mit einem Makroobjektiv ausgestattet, um eine ausreichende Vergrößerung und Arbeitsdistanz zu erreichen. Die Objekte (Plankton und Larven) wurden in Glasküvetten (ca. 200 x 10 x 10 mm) gehalten. Die Ausleuchtung erfolgte durch Halogenlampen (30 W), die vertikal und horizontal beweglich aufgehängt waren. Detailaufnahmen wurden in täglichen Abständen während der ersten 12 Entwicklungstage und in erweiterten Abständen über die späteren Entwicklungstage aufgenommen.

Die Konzentration der Planktonorganismen war aus aufnahmetechnischen Gründen in den Küvetten wesentlich höher als in den Aufzuchtbecken. Die Haltungsbedingungen in den Küvetten entsprachen auch nicht den Bedingungen in den Aufzuchtbecken und beeinträchtigen, alleine schon durch den eingeengten Bewegungsraum, das „normale“ Verhalten. Trotzdem konnten typische und aufschlussreiche Verhaltensphasen erfasst werden.

Copepoden weisen in allen Entwicklungsstadien (Nauplien, Copepodite, Copepoden) eine starke positive Phototaxis auf, die auch bei sehr starken Lichtquellen beibehalten wird. Die Schwimmgeschwindigkeit ist relativ hoch, die Bewegungen erfolgen sprunghaft. Im Hundertstel-Sekundenbereich können je nach Stadium und Größe etappenweise Distanzen von einigen Millimetern bis Zentimetern zurückgelegt werden. Auf größere Distanzen lassen sich diese hohen Geschwindigkeiten aber nicht umsetzen, da nach einigen „Sprüngen“ kurze bis längere Pausen eingelegt werden. Durchschnittliche Schwimmgeschwindigkeiten von 10-50 mm/Sekunde scheinen realistisch, wodurch Strömungen unter diesem Bereich noch aktiv über längere Distanzen überwunden werden können.

Rotatorien weisen ein ebenfalls deutlich positives phototaktisches Verhalten auf, die Schwimmgeschwindigkeiten liegen aber in einem sehr niedrigen Bereich. Die Bewegung erfolgt kontinuierlich mit mehr oder weniger konstanter Geschwindigkeit (etwa 1-2 mm/Sekunde). Bei Wasserströmungen, die deutlich und konstant über diesem Bereich liegt, ist ein Fang dieser Organismen mit der Lichtfalle nicht mehr möglich.

Muschellarven weisen keine positive Phototaxis auf. Die in den Fängen der Lichtfallen aufscheinenden Mengen dürften ausschließlich auf Eindriftung aus zeitweisen Massenentwicklungen stammen.

Die Fischlarven (Zackenbarsche) weisen in den ersten Entwicklungstagen eine überaus hohe Empfindlichkeit gegenüber mechanischen Einflüssen (Manipulationen) auf. Beim Transfer von den Becken in die Küvette werden die kleinen Larven auch nach sorgfältigster Durchführung, durch unvermeidbare Bewegungen und die neuen Umgebungsbedingungen, irritiert und benötigen bis zu einer Stunde um sich wieder „normal" zu verhalten. Die für die Videoaufnahmen erforderliche Beleuchtungsstärke ist relativ hoch und verursacht eine deutliche Irritation, vor allem der Dottersacklarven. Ab dem 3. Entwicklungstag passen sich die Larven jedoch besser an diese extremen Lichtverhältnisse an.
Die frisch geschlüpften Dottersacklarven weisen nur Gesamtlängen um 2 mm auf und gehören so zu den kleinsten bekannten Fischlarven. Sie verhalten sich anfangs weitgehend inaktiv und „treiben" mit Hilfe einer Ölkugel, unterbrochen von kurzen „blitzartigen" Bewegungen (z.B.: nach Kontakt mit Fremdkörpern), mit der Strömung. Der Auftrieb wird auch durch die Salinitätsverhältnisse des Milieus beeinflusst. Der Auftrieb der Fischlarven vermindert sich nach dem Schlupf jedoch zunehmend. Am 1. Entwicklungstag zeigt sich noch ein „schwereloser" Zustand, am 2. Entwicklungstag beginnen sie bereits deutlich abzusinken, am 3. Entwicklungstag setzen aktive Schwimmbewegungen ein.
Ab dem 3. Entwicklungstag sind die Fischlarven aktiv und reagieren auf Nahrung. Bis zum 8. Tag konnten aber keine intensiven Fressaktivitäten beobachtet werden. Es wurden nur sehr kleine Nahrungspartikel (<200 µm) „fixiert" und sporadisch auch aufgenommen. Größere Copepoden wurden nur geringfügig beachtet und nicht attackiert. Trotz hoher Organismenkonzentration erfolgte aber auch keine aktive Beeinträchtigung der Fischlarven durch größere Copepoden.
Ab dem 8. Entwicklungstag konnte ein deutlicher Anstieg der Schwimm- und Fressaktivität festgestellt werden. Voraussichtlich besteht hier ein Zusammenhang mit der Ausbildung der langen dorsalen und ventralen Flossenstrahlenfortsätze (Dornen), welche sich ab einer Larvenlänge von rund 3 mm entwickeln und zu einer verbesserten Schwimmfähigkeit führen. Anschließend stiegen Schwimm- und Fressaktivität zunehmend an, die Fluchtreaktionen werden dynamischer, der Aktionsradius wird größer (Beobachtung in den Aufzuchtbecken).
Ab dem 12. Entwicklungstag können Videoaufnahmen nur mehr in größeren aquarienähnlichen Gefäßen durchgeführt werden. Für weitere Videoaufnahmen und unbeeinträchtigte Verhaltensstudien ist eine wesentlich höhere Lichtempfindlichkeit der Kamera (S/W) in Zusammenhang mit einer diffusen Beleuchtung und eine Wärmeabschirmung der Lichtquelle erforderlich. Der Einsatz dieser Technik war damals jedoch eine mögliche Methode um die konkreten Probleme in der Jungfischaufzucht von Zackenbarschen zu analysieren.

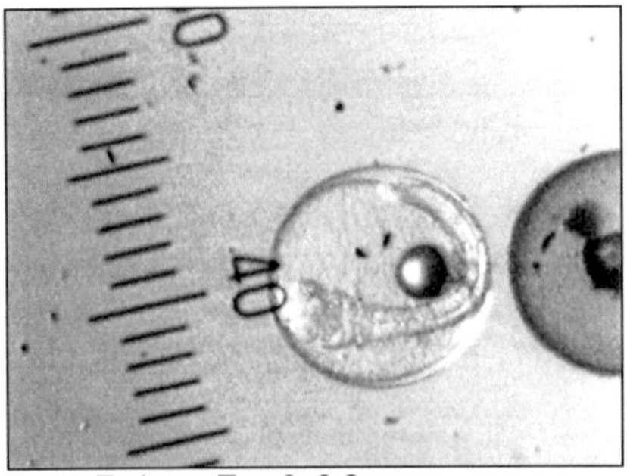

Ei mit Embryo, Tag 0: 0,8 mm

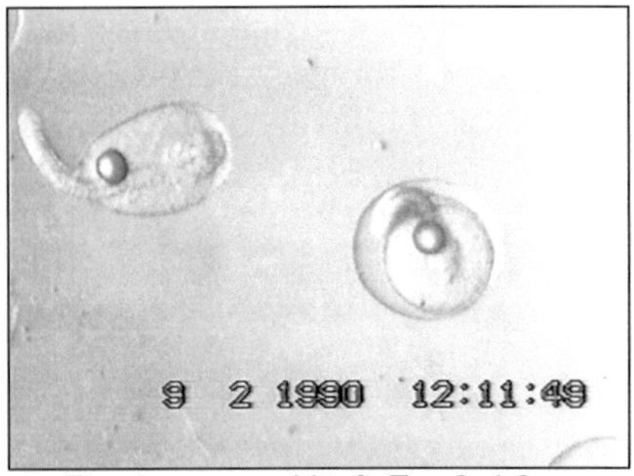

Ei u. Larve geschlüpft, Tag 0: 1,8 mm

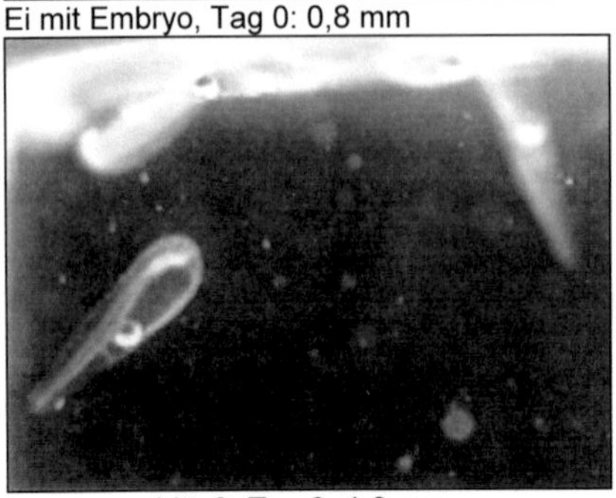

Larve geschlüpft, Tag 0: 1,8 mm

Larve mit Dottersack, Tag 1: 2,2 mm

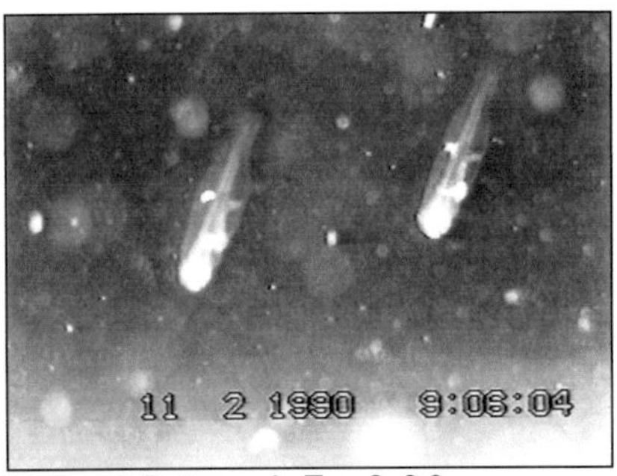

Larve mit Dottersack, Tag 2: 2,3 mm

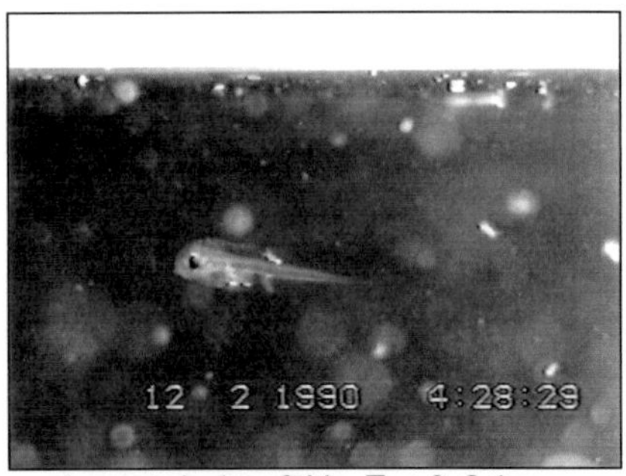

Larve schwimmfähig, Tag 3: 2,4 mm

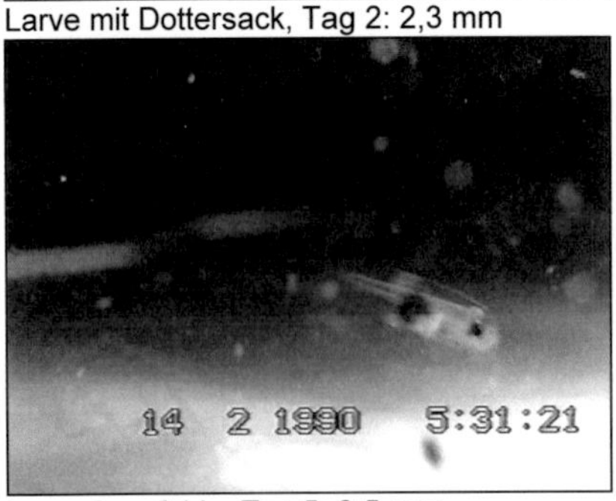

Larve fressfähig, Tag 5: 2,5 mm

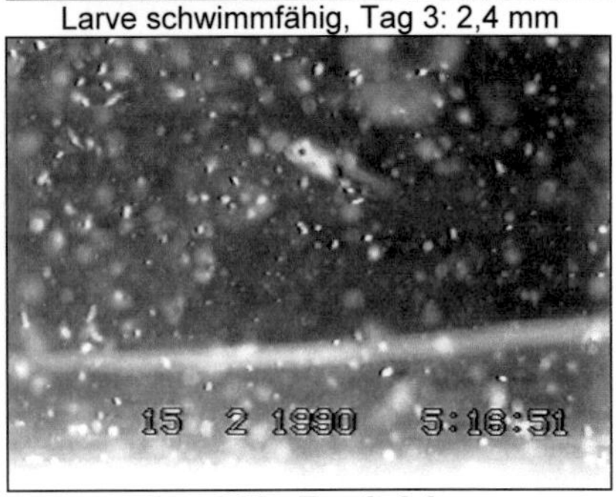

Larve fressfähig, Tag 6: 2,6 mm

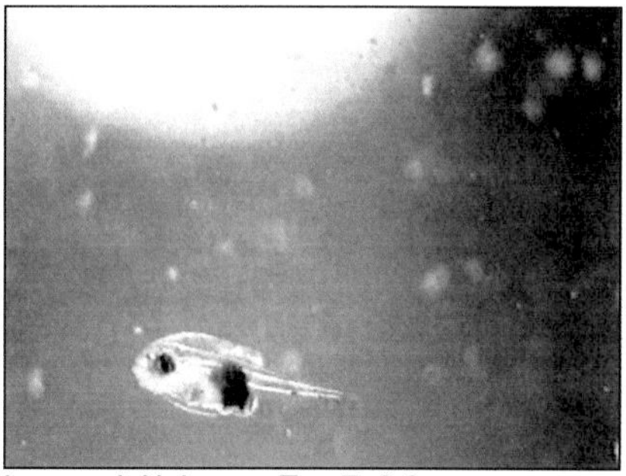
Larve mit Nahrung, Tag 7: 2,8 mm

Larve mit Nahrung, Tag 8: 3,0 mm

Larve mit Dornen, Tag 9: 3,2 mm

Larve mit Dornen, Tag 11: 3,5 mm

Larve mit Dornen, Tag 13: 3,7 mm

Larve mit Dornen, Tag 15: 4,2 mm

Larve mit Dornen, Tag 19: 8,0 mm

Larve mit Dornen, Tag 21: 12,0 mm

Larve mit Dornen kurz vor der Metamorphose, Tag 29: 20 mm

Jungfisch nach Metamorphose, Tag 36: 40 mm

Jungfisch Wildfang, ca. Tag 50: 30 mm

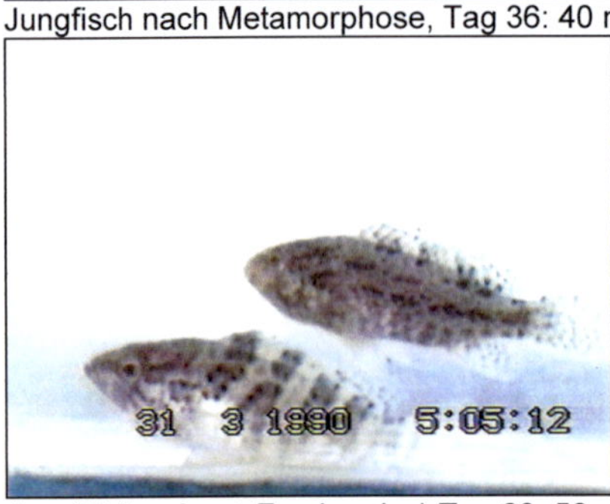

Juv. (*E. tauvina* + *E. microdon*) Tag 60: 50 mm

Setzlinge (*E. tauvina*), Tag 70: 80 mm

In der traditionellen Produktion von Zackenbarschen zu Speisefischen in Netzgehegen werden üblicherweise ausschließlich wild gefangene Setzlinge verwendet. Aus diesem Grund wurde auch ein Fütterungsversuch mit gefrosteten Leuchtkrebsen (Euphausiacea) und zerkleinerten Kalmaren (Octopoda) durchgeführt, um die Eignung dieser Diäten und das Wachstum unter diesem Fütterungsregime zu testen. Dazu wurde ein Rundbecken (Volumen 2.000 l) mit 1.000 Setzlingen (ca. 500 Stück/m^3) besetzt, die von Wildfängen aus West-Malaysia stammten. In den Becken erfolgte ein permanenter Wasseraustausch (von 2 l/Minute) mit gefiltertem Meerwasser. 4 Luftheber (3 cm Ø) sorgten für eine zusätzliche Belüftung und eine schwache Strömung. Während dieser Zeit betrug die Wassertemperatur 28,3 (± 1,0) °C und die Salinität 29,4 (± 1,1) ‰. Gefüttert wurde händisch (4-6 Mal/Tag) bis zur sichtbaren Sättigung (100 % bis 15 % des Körpergewichtes/Tag). Die Futterrationen wurden jeweils vor der Verabreichung an der Luft aufgetaut und kurz in gefiltertem Meerwasser gewaschen. Futterreste und Kotpartikel, sowie verendete Tiere wurden täglich durch Absaugen vom Beckenboden entfernt. Alle 5-10 Tage wurden die Becken gewechselt und desinfiziert, sowie je 10 Fische gemessen. Am 15. Tag erfolgte eine Sortierung in 2 Größenklassen (klein:groß ca. 63:37 %) und die Aufteilung auf 2 Becken.

Wachstum von Zackenbarschen (*E. tauvina*)
die mit Krill und Kraken gefüttert wurden*:
(Nach: Steiner et al., 1990)

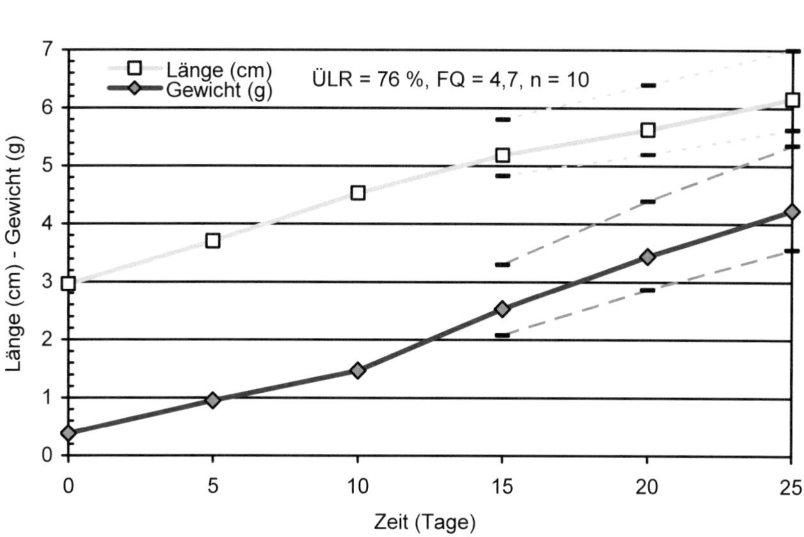

* Tag 1-25 Euphausiaceen 8-12 mm, Tag 10-25 Octopoden

In der Meeresfischzucht würde der gezielte Einsatz von aus natürlichen Gewässern gefangenem Zooplankton auf breiter Basis eine grundlegende Verbesserung der Aufzuchtergebnisse zur Folge haben. Dies erfordert jedoch die Anwendung spezifischer Techniken, vor allem im Bereich einer effizienten Gewinnung und Sortierung in geeignete Größenklassen. Die eingehend geprüfte Technik einer Planktonfalle eignet sich prinzipiell für diese Zwecke.

Der Fütterungsvergleich zwischen herkömmlich kultiviertem Zooplankton und gefangenem natürlichen Zooplankton in der Larvenaufzucht der Zackenbarsche kann wegen einer zum Teil unregelmäßigen bzw. ungenügenden Versorgung und den noch fehlenden Wissen in Bezug auf die Haltung dieser Fische und der Dosierung des Futters nur qualitativ bewertet werden. Die Larven der Zackenbarsche werden mit einer Länge von nur 2-3 mm fressfähig, und stellen besonders in der Anfütterungsphase sehr hohe Ansprüche an die Qualität und Größe des Futters. Die Ergebnisse zeigen, dass die ideale Futtergröße zu Beginn bei 70-200 µm liegt und bis zu einer Fischlänge von 7 mm unterhalb von 500 µm bleibt.

Copepoden stellen, zumindest in den beiden untersuchten Standorten, die Hauptmasse (über 90 %) des Zooplanktons. Das Größenspektrum dieser Organismen reicht, den Entwicklungsstadien entsprechend, von 70-1500 µm. Dieser Futtergrößenbereich entspricht auch exakt den Anforderungen vieler Fischlarven. Ausreichende Mengen an Nährtieren konnten mit dieser Technik jedoch nur im Bereich ab 500 µm gefangen werden. Zur Gewinnung ausreichender Mengen an kleineren Größenklassen (unter 500 µm) sind speziell darauf abgestimmte Methoden (Mehrlagige Siebnetze) zu prüfen.

Im Rahmen früherer Arbeiten wurden Fangtechniken mit Planktonschleppnetzen erfolgreich entwickelt und eingesetzt. Diese Methode ermöglicht durch den Einsatz großer Netze den Massenfang von Zooplankton (bis zu 100 kg/h), erfordert aber auch gute Kenntnisse über die Planktonentwicklung im jeweiligen Gewässer. Der Einsatz dieser Technik im marinen Bereich ist vor allem in tropischen Gewässern durch die enorme Formenvielfalt der planktischen Organismen und ihrer unterschiedlichen Größen und Qualitäten limitiert bzw. schwierig.

Nach dieser Studie ist es (im Jahre 1993) durch die Entwicklung eines mehrlagigen Planktonnetzes (Mehrfachsiebnetz) gelungen, den Massenfang mit einer gleichzeitigen Fraktionierung während des Fangs zu kombinieren (siehe Planktonsiebnetze). Durch den Einsatz dieses Netztyps, dessen ineinander gesetzte Lagen eine jeweils berechnete Maschenweite und Siebfläche aufweisen, ist eine exakte Auftrennung von lebendem Zooplankton in Größenklassen zwischen 100 µm und 1.000 µm möglich, die nicht nur qualitativ, sondern auch quantitativ den Anforderungen kommerzieller Fischaufzuchtanlagen entsprechen.

Planktonfangnetze

Seit den 1980er Jahren wurden zahlreiche Planktonnetze aus monofilen Nylon- oder Polyester-Präzisionsgeweben konstruiert und gebaut. Die eingesetzten Maschenweiten reichten von 50 bis 500 µm, die Öffnungsdurchmesser von 0,3 bis 6,0 m, die Längen von 1 bis 17 m, die Netzflächen von 1 bis 300 m^2, wobei die offene Siebfläche etwa 40-60 % der gesamten Netzfläche betrug. Das Verhältnis der Öffnungsfläche zur Siebfläche dieser Netze betrug meist 1:6 bis 1:10. Rund um die Netzöffnung wurde das Netzmaterial durch Gewebestoff oder -plane auf eine Breite von 5-50 cm verstärkt, und mit Ösen und/oder Klettverschlüssen versehen. Große Netze und besonders feine Gewebe wurden zur Zugentlastung häufig auch in der Längsrichtung mit Gewebestreifen oder -bändern verstärkt. Offen gehalten wurden die Netze in der Regel mit einem ein- oder mehrteiligen Ring aus Kunststoff oder Metall. Das Netzende wurde mit einem Abschluss aus dichtem Gewebe- oder Planenmaterial auf 10-100 cm Länge versehen und für den Totfang von Plankton einfach zusammengebunden oder für den Lebendfang mit einem automatischen Verschlussbecher aus Metall versehen.

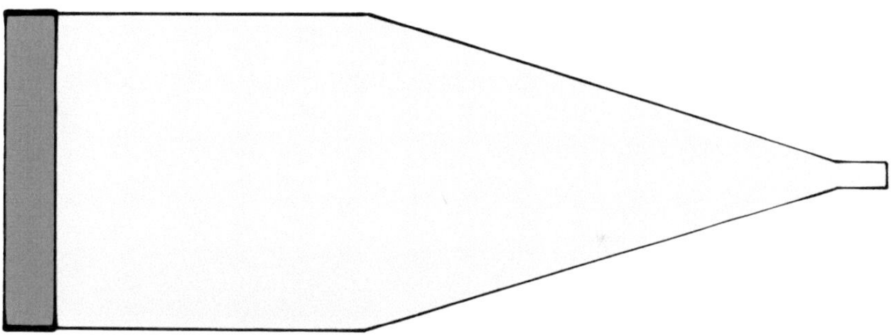

Skizze eines Planktonfangnetzes (zylindrisch/konisch)

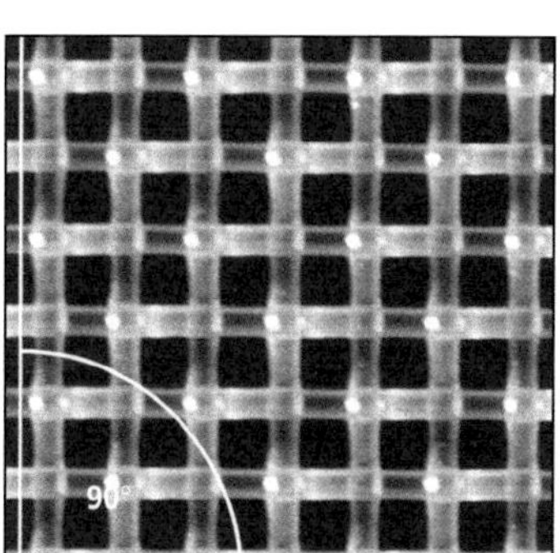

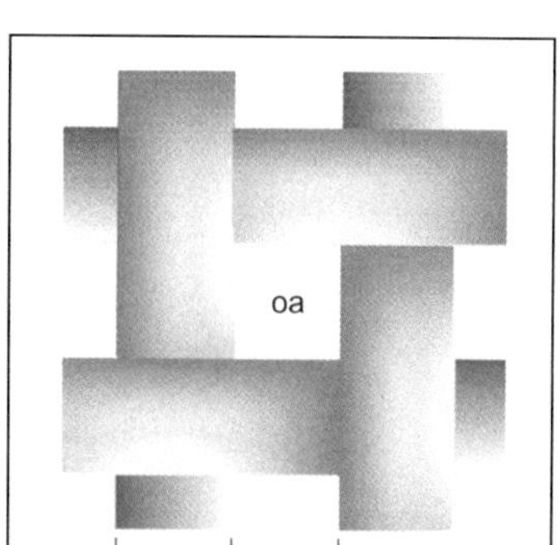

Präzisionsgewebe und Maße (d = Durchmesser, w = Maschenweite, oa = Offene Fläche)

Planktonfang mit einem mittleren Netz von 2,2 m Ø (Achensee)

Planktonfang mit einem sehr großen Netz von 6,0 m Ø (Bodensee)

Plankton-Totfang mit einem großen Netz von 3,5 m Ø (Achensee)

Plankton-Lebendfang mit einem kleinen Netz von 1,6 m Ø (Wallersee)

Im Rahmen von Forschungsprojekten am "Institut für Fischforschung" wurden (1981-1986) verschiedene Fangnetze für den Planktonfang in einigen Seen (Achensee, Bodensee, Heiterwangersee) eingesetzt. Das dabei gewonnene Zooplankton wurde gefrostet für die Jungfisch-aufzucht von Salmoniden verwendet (siehe Planktonfutterautomaten).
Von den getesteten Netzgrößen (1,2, 2,2, 3,5 und 6,0 m Durchmesser) erwiesen sich alle, außer das Netz mit 6,0 m Ø, als geeignet. Das 6,0 m Netz hatte nicht nur eine geringere spezifische Fangleistung (max. 3 kg/h/m^2 Öffnung), sondern erforderte auch einen wesentlich höheren Aufwand in Bezug auf das Boot, die Ausstattung und das Personal. Spätere Erfahrungen zeigten, dass Netze von 2 bis 4 m Ø von zwei Personen bedient werden sollten. Netze unter 2 m Ø können von einer Person bedient werden, während für Netze von über 4 m Ø mindestens drei Personen und eine Hebevorrichtungen erforderlich sind.
Von den getesteten Netzformen (konisch, zylindrisch/konisch, oder konisch/zylindrisch/konisch) erwies sich das zylindrisch/konische Netz (Verhältnis etwa 1:1, Konuswinkel <40°) als am besten geeignet im Hinblick auf Hydrodynamik und Selbstreinigung. Während das konische Netz eine geringere Siebleistung aufwies, hatte das konisch/zylindrisch/konische Netz im Parallelversuch mit einem zylindrisch/konischen Netz (1,1 m^2 Öffnungsfläche, Schleppgeschwindigkeit 1,0 km/h, Wiederstand 13 kp) eine wesentlich unruhigere Zugbahn (oszillierend).
Von den getesteten Maschenweiten (200, 250, 300, 350 µm) erwiesen sich alle als fängig. Spätere Erfahrungen zeigten, dass Maschenweiten unter 150 µm bei einlagigen Netzen, selbst bei langsamer Schlepp-geschwindigkeit, wegen der Staubildung kaum einsetzbar sind. Erst mehrlagige Netze machten dies möglich (siehe Planktonsiebnetze). Maschenweiten ab 400 µm können beim Auftreten von Algenblüten (Phytoplankton) hilfreich sein, oder zum gezielten Fang von größeren Planktonformen (große Daphnien) eingesetzt werden.
Von der getesteten Schleppdauer (5, 10, 15, 20, 25, 30, 35, 40, 45 und 60 Minuten) erwies sich selbst bei unterschiedlichen Planktondichten eine Schleppdauer von 20-30 Min. für das 2,2 m und 30-45 Min. für das 3,5 m Netz als optimal. Bei kürzerer Schleppdauer erhöht sich der Aufwand für das Setzen und Bergen des Netzes, und bei längerer Schleppdauer verringert sich die Ausbeute durch Verlegen der Sieb-fläche und Ausschwemmen von Plankton in der Folge. Bei Netzen unter 2 m Ø liegt die optimale Schleppdauer bei etwa 10-20 Minuten.
Von den getesteten Schleppgeschwindigkeiten (0,5 bis 2,0 km/h) erwiesen sich alle als praktikabel und fängig. Optimale Ergebnisse wurden bei mittleren Planktondichten mit einer Geschwindigkeit von 1-2 km/h erreicht, wobei je km/h etwa 1,0 PS (0,75 kW) je m^2 Öffnung notwendig sind. Spätere Erfahrungen zeigten, dass in manchen Fällen, etwa bei Algenblüten oder Planktonsiebnetzen, auch noch höhere

Geschwindigkeiten (bis zu 4,0 km/h) sinnvoll sein können.
Von den getesteten Schlepptiefen (0 bis 5 m) erwiesen sich alle als geeignet. Spätere Erfahrungen zeigten, dass in manchen Fällen, etwa bei Algenblüten oder bei Einsätzen im Sommer auch größere Schlepptiefen (10-40 m) sinnvoll sein können (siehe auch Planktonprobenetze).
Von den getesteten Tageszeiten (Tag-Abend-Nacht) erwies sich im Sommerhalbjahr der Abend (19-22 Uhr) als beste Zeit. Spätere Erfahrungen zeigten, dass auch am Morgen (6-9 Uhr) gute Fänge erzielt werden, die allerdings meist etwas geringer als am Abend sind.
Von den getesteten Jahreszeiten (Frühling-Sommer-Herbst-Winter) erwies sich im Achensee der Sommer (Juli-September) und im Bodensee der Frühling bis Herbst (Mai-Oktober) als beste Fangsaison (max. 8 bzw. 10 kg/h/m^2 Öffnung). Spätere Erfahrungen zeigten, dass die günstigste Fangsaison in kälteren oligotrophen Seen oft im Sommer, in mittleren mesotrophen Seen von Frühjahr bis Herbst und in wärmeren eutrophen Seen im Frühjahr und im Herbst ist.

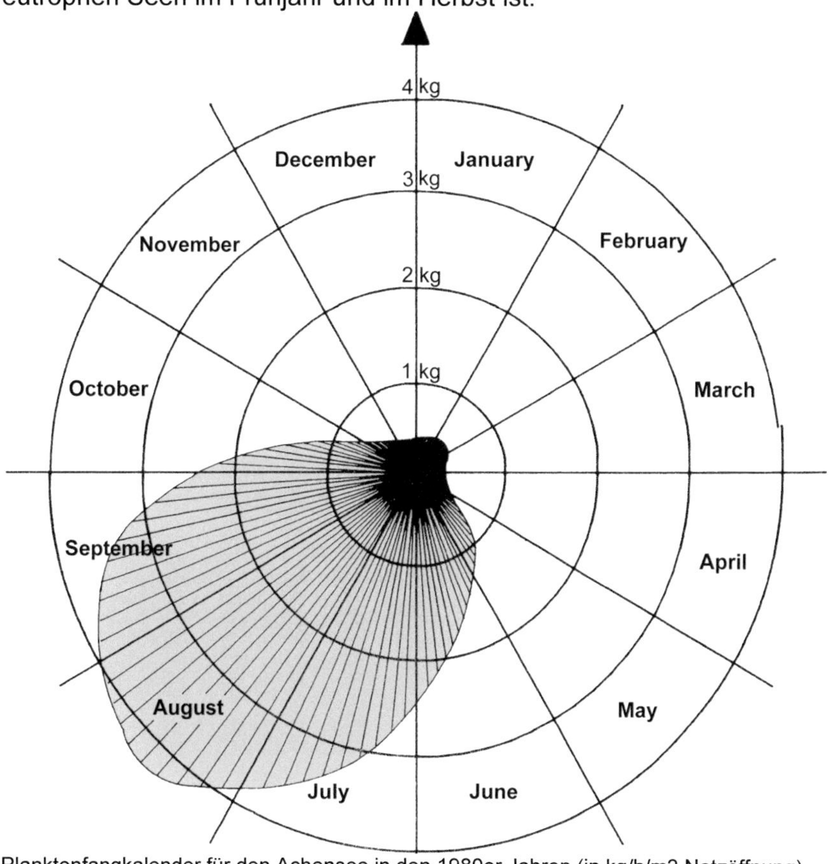

Planktonfangkalender für den Achensee in den 1980er Jahren (in kg/h/m2 Netzöffnung)

Planktonfangergebnisse im Achensee
in Abhängigkeit von der Schleppdauer (1981):
(Nach: Wieser & Steiner, 1983)

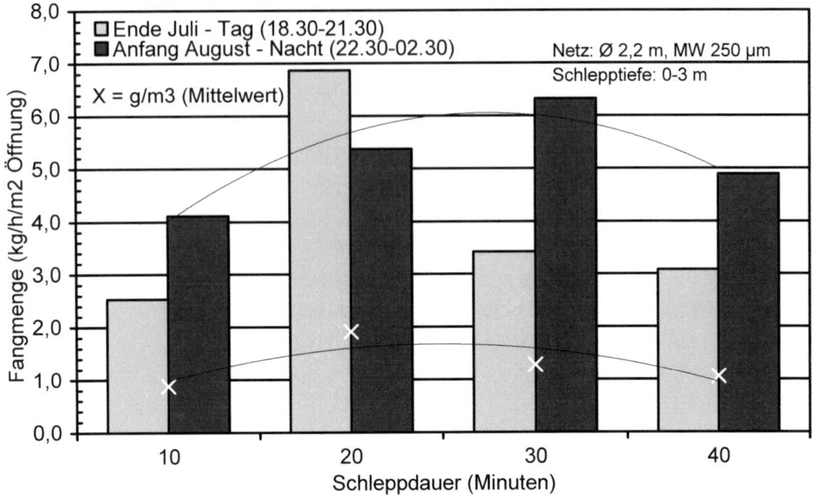

Planktonfangergebnisse im Achensee
in Abhängigkeit von der Tageszeit (1985-1986):
(Nach: Steiner, unveröffentlicht)

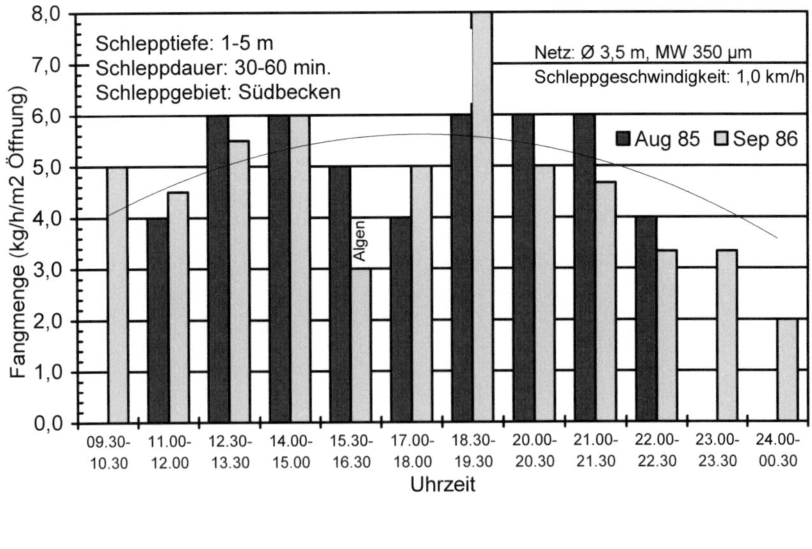

Zooplanktonzusammensetzung im Achensee
in Abhängigkeit von der Saison (1981-1982):
(Nach: Wieser & Steiner, 1983)

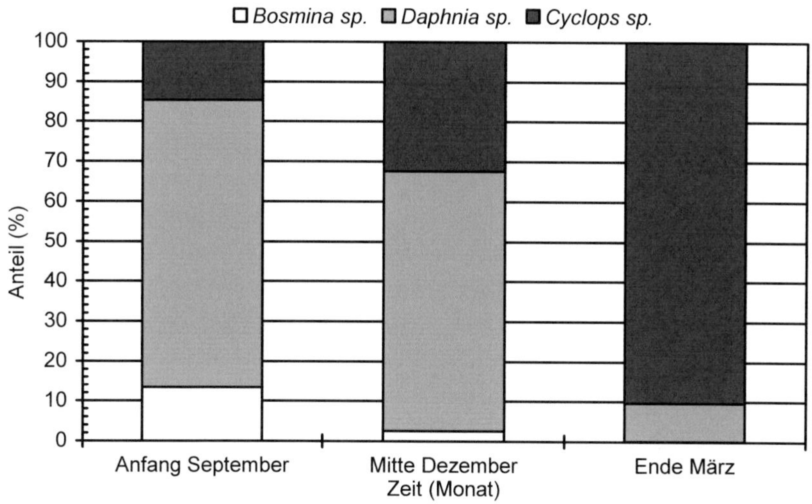

Planktonfangergebnisse im Achen- und Bodensee
in Abhängigkeit von der Netzgröße:
(Nach: Steiner, unveröffentlicht)

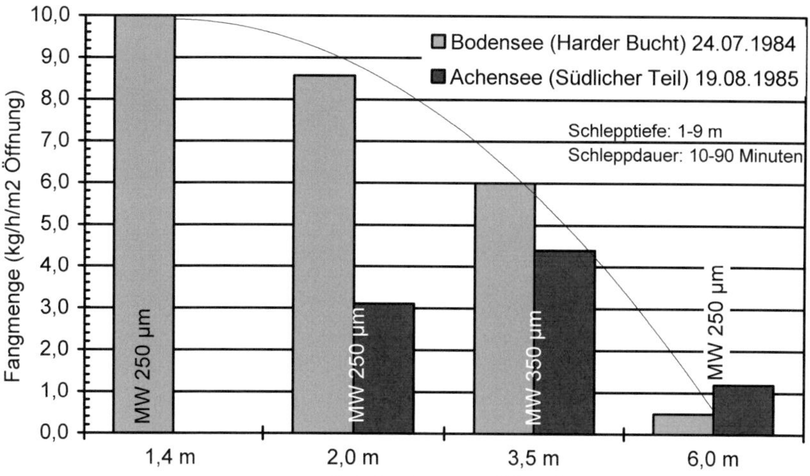

Biochemische Zusammensetzung von Zooplankton

aus dem Bodensee (BS) und dem Heiterwangersee (HS) (1984)*:

(Nach: Steiner, 1985; Steiner et al., 1990)

Komponenten+	BS	HS	Aminosäuren	Prozent
Roh-Protein"	60,30	59,60	Asparagin	4,60
Roh-Fett	14,80	16,60	Threonin	3,00
Roh-Asche	11,30	12,40	Serin	2,67
Roh-Faser	7,10	7,90	Glutamin	7,88
Kalzium (Ca)	2,40	2,94	Prolin	3,05
Phosphor (P)	1,38	1,39	Glycin	2,99
Kalium (K)	0,70	0,70	Alanin	3,97
Magnesium (Mg)	0,15	0,17	Valin	3,32
Eisen (Fe)	0,86	1,18	Isoleucin	2,75
Zink (Zn)	0,10	0,10	Leucin	4,61
Mangan (Mn)	0,05	0,06	Tyrosin	2,57
Quecksilber (Hg)	0,04	0,04	Phenylalanin	3,90
Kupfer (Cu)	0,02	0,02	Lysin	4,96
Blei (Pb)	n.n.	n.n.	Histidin	1,39
Kobalt (Co)	n.n.	n.n.	Arginin	4,05
Molybdän (Mo)	n.n.	n.n.	Methionin	0,65
Jod (I)	n.n.	n.n.	Cystein	-

Anmerkungen: * Organismen (*Daphnia* sp., *Bosmina* sp., *Eudiaptomus* sp., *Cyclops* sp.); + = % in Trockensubstanz (8,50 bzw. 7,20 % vom Nassgewicht); " = Verdauliches Protein 57,10 bzw. 56,20 %; BS = Bodensee, HS = Heiterwangersee, n.n. = nicht nachweisbar.

Aus anderen Experimenten ist bekannt, dass kleinere Fischlarven (wie Renken und Äschen) anfangs eher kleinere Zooplankter (<0,5 mm) bevorzugen und damit die ersten 2-8 Wochen auch besser wachsen und geringere Verluste aufweisen (vgl. Medgyesy & Wieser, 1982).
Aus diesem Grund wurde eine Sortieranlage für Zooplankton mit 3 rotierenden Siebtrommeln entwickelt. Damit konnte bei einer Siebdauer von 5-10 Minuten etwa 1-2 kg frisches Zooplankton relativ effizient in drei Größenklassen (<0,5 – 0,5-1,0 – >1,0 mm) sortiert werden.
Voraussetzung für eine derartige Siebung (Maschenweiten 1,0 – 0,5 – 0,1 mm) ist eine starke Wasserzugabe und gute Abspülung der Siebtrommeln währen des Siebvorgangs. Als großer Nachteil dieser Siebtechnik erwies sich die mechanische Schädigung des Planktons durch Schereffekte, welche bereits nach einer Siebdauer von 5 Minuten erheblich war. Nach einer Siebdauer von 15 Minuten lag das Plankton in einem für Fütterungszwecke nicht mehr einsetzfähigen Zustand vor.
Am zweckmäßigsten erwies sich eine Maschenweite von 670 µm für das Siebnetz und 200 µm für das Auffangnetz, womit sich das Plankton in zwei Größenklassen sortieren ließ und die größere Klasse zu 99-100 % aus größeren Daphnien bestand (siehe Abb.). Der Anteil der durch das Auffangnetz mit 200 µm noch durchging, betrug unter 0,5 %.

Längenfrequenz des Crustaceenplanktons
aus dem Achensee (1981-1982):
(Nach: Wieser & Steiner, 1983)

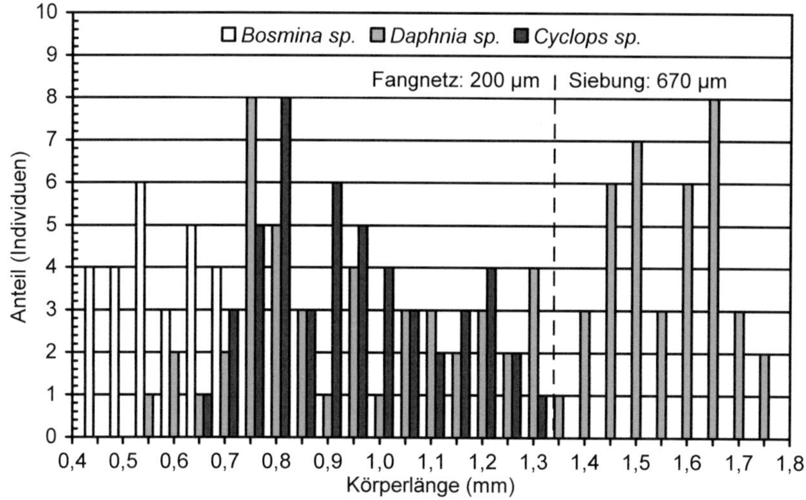

Breitenfrequenz des Crustaceenplanktons
aus dem Achensee (1981-1982):
(Nach: Wieser & Steiner, 1983)

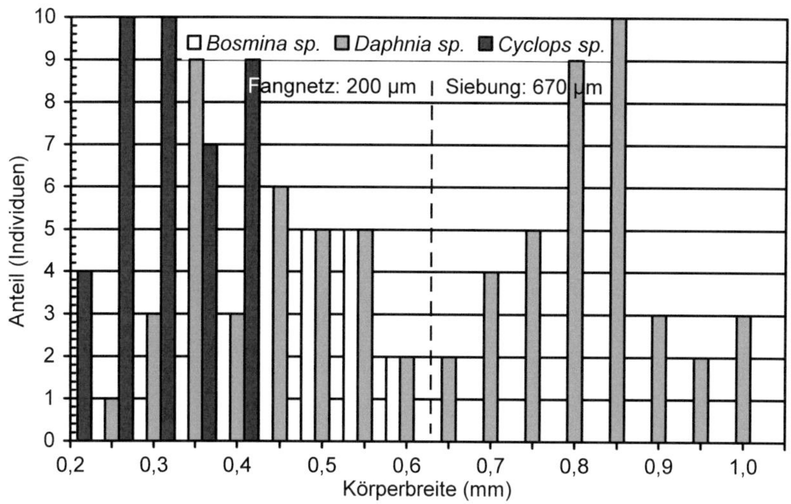

Planktonsiebanlage mit rotierenden Trommeln (Prototyp)

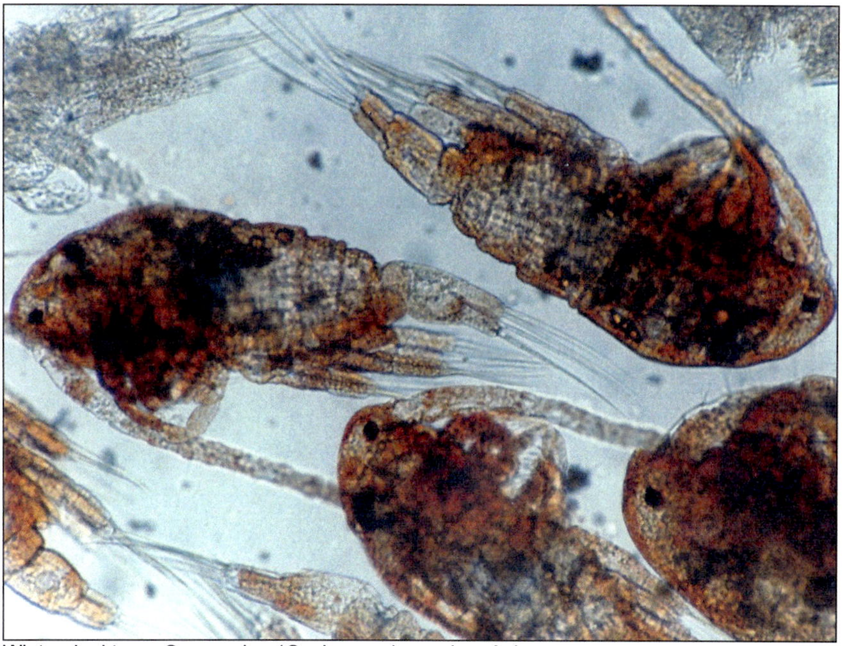
Winterplankton – Copepoden (*Cyclops* sp.) aus dem Achensee

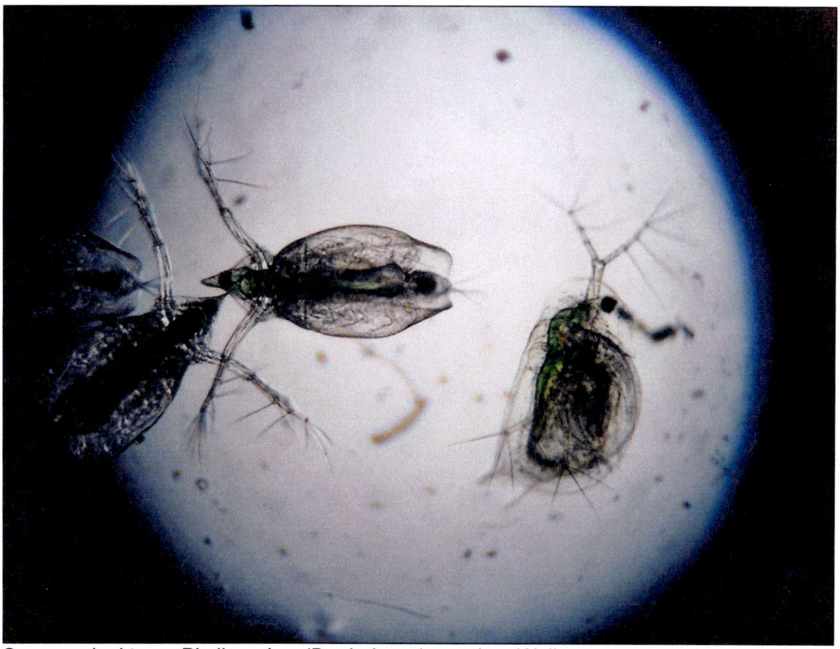
Sommerplankton – Phyllopoden *(Daphnia* sp.) aus dem Wallersee

Verpacken des Zooplanktons in Kunststoffbehältern

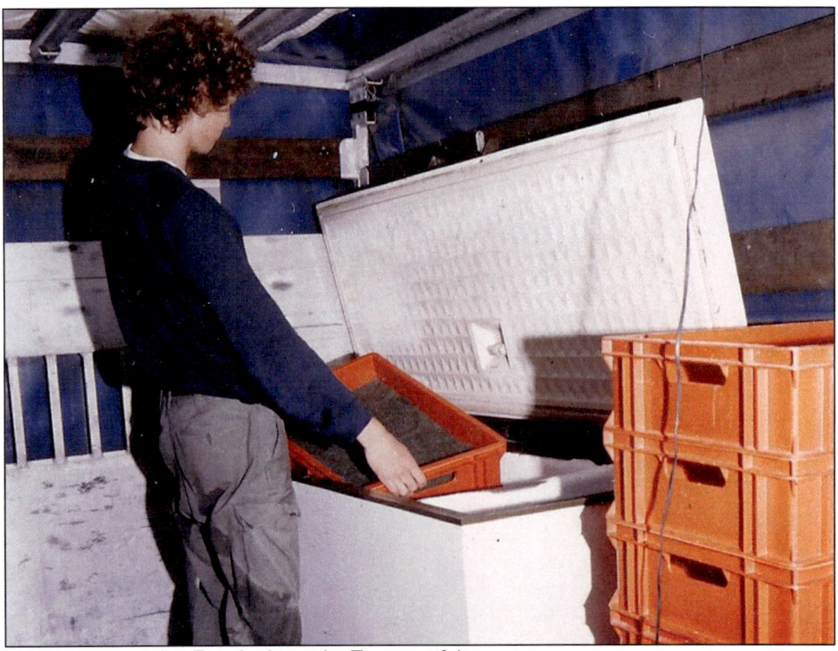
Zwischenlagern des Zooplanktons im Transportfahrzeug

Für den Achensee wurde ein Fangkalender für Zooplankton erstellt, sowie eine Formen- und Größenanalyse des Zooplanktons durchgeführt (siehe Abb.). Das gefangene Crustaceenplankton aus dem Bodensee und dem Heiterwangersee wurde einer Nährstoffanalyse unterzogen. Darüber hinaus wurde die Zusammensetzung der Aminosäuren untersucht (siehe Tab.).

Am Achensee wurde das geerntete Zooplankton in der Regel vor Ort in 10-20 Liter fassende Kunststoffbehälter oder -säcke verpackt, im Transportfahrzeug gekühlt und nach dem Transport in einer Tiefkühlzelle gefrostet und bis zur Verwendung bei -25 °C gelagert.

Am Bodensee und Wallersee wurde das Zooplankton üblicherweise (etwa 1:10) mit Wasser aus dem See in 30-50 Liter fassenden Kunststoffbehältern lebend in die Brutanlagen am Ufer transportiert und dort 1-3 Mal täglich direkt in die Aufzuchtbecken geleert, wo es dann den Jungfischen längere Zeit zur Verfügung stand.

Arbeitsboote für den Planktonfang am Wallersee

Schleppeinsatz für den Planktonfang am Wallersee

Zusammenfassend können für den Fang von Zooplankton zylindrisch/ konische Planktonnetze mit einem Durchmesser von 1-2 m und einer Maschenweite von 250-350 µm empfohlen werden. Dabei werden am besten 1-2 Netze mit einem Boot in 1-10 m Tiefe mit einer Geschwindigkeit von ca. 1-2 km/h für die Dauer von 10-20 Minuten geschleppt. In Abhängigkeit von der Nährstofflage des jeweiligen Sees können während des Sommerhalbjahres (Mai-Oktober) pro Quadratmeter Netzöffnungsfläche und Stunde etwa 1-8 kg Zooplankton geerntet werden.

Die Planktondichte und -verteilung in einem Gewässer ist zeitlich und örtlich sehr unterschiedlich. In den Seen der gemäßigten Breiten gibt es ganz charakteristische jahreszeitliche Abfolgen der Planktonzusammensetzung. Im Frühjahr kommt es durch die zunehmende Tageslichtmenge zu einem verstärkten Wachstum des Phytoplanktons. Dieses dient dem Zooplankton als Nahrung. In der Folge kommt es zu hohen Vermehrungsraten bei den pflanzenfressenden (herbivoren) Arten. Dies führt in weiterer Folge zu einer Vermehrung der räuberischen (carnivoren) Arten. In den Seen in den gemäßigten Breiten folgt in der Regel auf ein Maximum an Copepoden (Ruderfußkrebse) ein Maximum an Cladoceren (Blattfußkrebse). Die Zusammensetzung des Krebstierplanktons ist im Frühjahr von Copepoden (*Cyclops* und *Eudiaptomus*) und bei Erwärmung des Wassers von Cladoceren (*Bosmina* und *Daphnia*) dominiert. Im Sommer kann es zum Auftreten von Raubcladoceren (*Bythotrephes, Leptodora, Polyphemus*) kommen, die sich aber nicht besonders zur Fischaufzucht eignen. Außerdem ist während dieser Zeit in nährstoffreichen Seen häufig mit einem massenhaften Auftreten von planktischen Algen ("Algenblüte") zu rechnen, die die feinmaschigen Fangnetze verlegen können. Wie sich die Planktonartengemeinschaft im Jahresverlauf entwickelt, ist von vielen verschiedenen Faktoren abhängig (Sonneneinstrahlung, Nährstoffgehalt, Temperatur, Durchmischung, Strömung, Witterung, usw.). Die Dichten der einzelnen Organismengruppen schwanken im Jahresverlauf, aber auch im Jahresvergleich zum Teil ganz beträchtlich.

Zu berücksichtigen ist beim Planktonfang darüber hinaus, dass einige Zooplanktonorganismen tägliche Vertikalwanderungen durchführen. In der Regel halten sie sich tagsüber in größeren Tiefen auf und wandern in der Abenddämmerung Richtung Wasseroberfläche. Ein weiterer maßgeblicher Faktor für die Verteilung von Zooplanktonorganismen in den Seen sind Strömungen, denn Plankter werden durch diese passiv verdriftet. Je nach Windrichtung und -stärke können sich daher die Planktondichten in verschiedenen Seebereichen extrem unterscheiden. Bei konstanten stärkeren Winden kommt es zunächst zu einer Ansammlung von Planktonorganismen im Lee. Bei länger anhaltenden Windlagen sammelt sich das Plankton dann aufgrund der entgegengesetzten Unterwasserströmung oberhalb der Sprungschicht im Luv.

Planktonfangergebnisse im Wallersee
in Abhängigkeit von der Schleppdauer (22.05.2012):
(Nach: Hochleithner, unveröffentlicht)

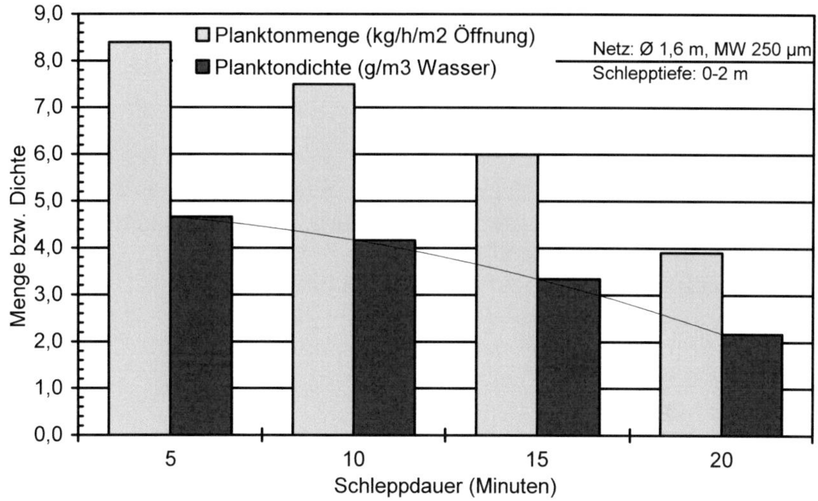

Planktonfangergebnisse im Wallersee
in Abhängigkeit von der Tageszeit (22.05.2012):
(Nach: Hochleithner, unveröffentlicht)

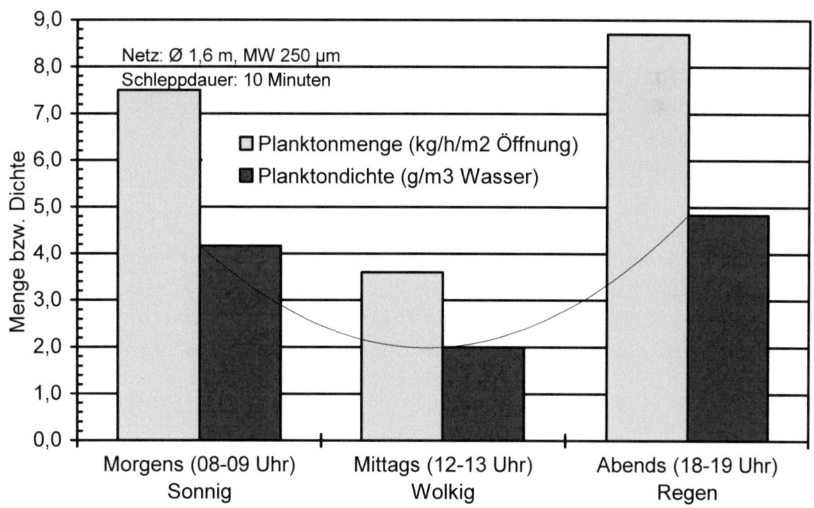

Im Rahmen einer Lohnaufzucht für das europäische Aktionsprogramm „Wiedereinbürgerung des Lachses im Rhein“ kurz „LACHS 2000“ in der Bundesrepublik Deutschland wurden (1995-1999) Planktonfangnetze im Wallersee eingesetzt und das gewonnene Zooplankton für die Larvenaufzucht von Atlantischen Lachsen (*Salmo salar*) verwendet.
Das Eimaterial stammte aus unterschiedlichen Flüssen von verschiedenen Ländern (Norwegen, Frankreich, Schweden) und wurde jeweils vom Auftraggeber zur Verfügung gestellt. Die Erbrütung der Eier vom Augenpunktstadium und die Haltung der Larven bis zur Fressfähigkeit erfolgten in einem Bruthaus am Wolfgangsee. In 2-4 Langstromrinnen mit jeweils bis zu 7 Siebeinsätzen (je ca. 40 x 40 cm) wurden pro Einsatz 1-2 Liter Eier erbrütet. Es erfolgte eine permanente Wasserversorgung mit Quellwasser von je 0,1-0,2 l/s pro Rinne. Eine Behandlung gegen Verpilzungen (*Saprolegnia*) war in der Regel nicht erforderlich. Bei Erreichen der Fressfähigkeit wurden die Brütlinge (meist in Kunststoffsäcken mit Sauerstoffblase) in die Aufzuchtanlage in Neumarkt am Wallersee (WS) transportiert und direkt in die dortigen Becken gesetzt.
Die Aufzucht von Atlantischen Lachsen (*Salmo salar*) erfolgte in mehreren rechteckigen Stahlbecken (L x B x H: 6,0 x 1,5 x 0,4 m; Volumen 2.700 l). Insgesamt standen in der Anlage am Wallersee 20 derartige Becken zur Verfügung, 16 davon in einer auf einer Längsseite offenen Halle, die übrigen 4 im Freien. In dieser Anlage wurden nicht nur Lachse sondern auch eine Reihe von anderen Fischarten (Forellen, Saiblinge, Renken, Äschen, Hechte, Rutten etc.) vorgestreckt. Die Becken für die Lachse wurden teilweise (auf 2-4 Laufmeter) abgedeckt und kontinuierlich mit jeweils etwa 20-30 l/min an gefiltertem Quellwasser versorgt. Als Ablaufgitter der Aufzuchtbecken diente ein Schlitzblech mit Schlitzen von 1 x 20 mm.
Der Fang des Zooplanktons im Wallersee erfolgte mit zylindrisch/ konischen Planktonfangnetzen, die einen Durchmesser von 1,4-1,6 m und eine Maschenweite von 250-385 µm aufwiesen. Die Becken wurden 1-2 x pro Tag mit lebendem Zooplankton versorgt. Futterreste und Kotpartikel sowie verendete Tiere wurden 1-2 x täglich durch Absaugen vom Beckenboden entfernt. Zur Vorbeugung gegen bakterielle Erkrankungen wurde regelmäßig (alle 5-10 Tage) im Durchlauf (mit 100-150 ppm 36 %igem Formaldehyd bzw. 25 ppm Chloramin-T) behandelt. Bei Erreichen der geforderten Größe von ca. 35 (30-40) mm wurde die vorgestreckte Brut einen Tag nicht mehr gefüttert, meist am späten Abend (22-02 Uhr) verladen, während der Nacht in 1-3 Transportbehältern mit Umwälzsystem zu den Besatzgewässern in Rheinland-Pfalz und Hessen transportiert und dort am frühen Morgen (07-10 Uhr) nach einer Temperaturanpassung in mehreren Strecken verteilt ausgesetzt.

Atlantische Lachse (*Salmo salar*) 3-4 cm vor dem Besatz in Freigewässer

Besatz von Atlantischen Lachsen in einem Zufluss des Rheins

Produktionsergebnisse von Atlantischen Lachsen (*S. salar*)
mit lebendem Zooplankton am Wallersee:
(Nach: Steiner et al., unveröffentlicht)

Aufzuchtjahr	1995	1996	1997	1998	1999+
Herkunft*	Norwegen	Frankreich	Schweden	Schweden	Schweden
Besatzdatum	19.04.	25.04.	31.03.-19.04.	01.04.	15.04.-08.05.
Besatzgröße	29 mm, 0,24 g	29 mm, 0,21 g	28 mm, 0,17 g	27 mm, 0,14 g	28 mm, 0,17 g
Besatzmenge	50.000 St.	53.000 St.	78.000 St.	160.000 St.	137.000 St.
Beckenanzahl	2-3	2-3	5-6	7	5-6
Abfischdatum	10.06.-24.06.	01.06.	30.05.	09.05.	11.06.
Abfischgröße	0,44-0,60 g	0,43 g	0,50-0,33 g	0,29 g	0,43-0,26 g
Abfischmenge	47.000 St.	50.000 St.	67.000 St.	155.000 St.	108.000 St.
Lieferung	Zuflüsse des Rheins in Deutschland für das Projekt „Lachs 2000“				

* Erbrütung (Augenpunkt bis fressfähig): 1995-1998 am Wolfgangsee, 1999 am Mondsee.
+ Krankheitsprobleme beim Besatz: Kiemenschwellung mit 10-20 % Mortalität.

Wachstumsverlauf von Atlantischen Lachsen (*S. salar*)
während der Aufzuchtperiode am Wallersee:
(Nach: Steiner et al., unveröffentlicht)

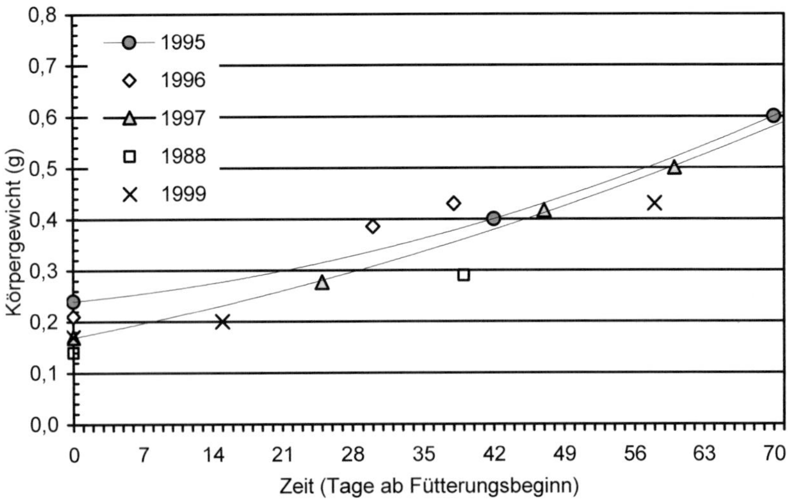

Neben Lachsen wurden in derselben Anlage eine Reihe weitere Fischarten (Seesaiblinge, Seeforellen, Bachforellen, Renken, Äschen, Hechte etc.) mit lebendem Zooplankton aufgezogen (siehe Abb.). Die Produktionsergebnisse und das Wachstum dieser Fische sind folgenden Tabellen und Grafiken zu entnehmen.

Produktionsergebnisse von Seesaiblingen (*S. alpinus*)

mit lebendem Zooplankton am Wallersee:

(Nach: Steiner et al., unveröffentlicht)

Aufzuchtjahr	1994	1995	1996	1997	1998
Herkunft	Plansee	Plansee	Plansee	Plansee	Plansee
Besatzdatum	27.03.	24.03.	10.04.	08.04.	31.03.
Besatzgröße	23 mm, 0,09 g	22 mm, 0,08 g	24 mm, 0,10 g	24 mm, 0,10 g	23 mm, 0,09 g
Besatzmenge	18.000 St.	43.000 St.	50.000 St.	20.000 St.	20.000 St.
Beckenanzahl	1	2	2	1-2	1
Abfischdatum	30.05.-08.06.	19.05.-21.06.	22.05.-01.06.	19.06.	19.05.
Abfischgröße	0,40-0,43 g	0,45-0,71 g	0,33-0,50 g	0,79 g	0,50 g
Abfischmenge	12.000 St.	37.000 St.	38.000 St.	15.000 St.	18.000 St.
Lieferung*	Offensee	Weissensee	Gosausee	Wolfgangsee	Mondsee

* Hauptbesatzgewässer.

Produktionsergebnisse von Seeforellen (*S. trutta*)

mit lebendem Zooplankton am Wallersee:

(Nach: Steiner et al., unveröffentlicht)

Aufzuchtjahr	1994	1995	1996	1997	1999
Herkunft+	Wolfgangsee	Mondsee	Mondsee	Walchensee	Gosausee
Besatzdatum	15.04.	28.03.	11.04.	27.03.	06.04.
Besatzgröße	28 mm, 0,15 g	27 mm, 0,14 g	26 mm, 0,13 g	27 mm, 0,14 g	29 mm, 0,15 g
Besatzmenge	20.000 St.	25.000 St.	22.000 St.	56.000 St.	12.000 St.
Beckenanzahl	1	1	1-2	2-3	1
Abfischdatum	06.07.	05.05.-27.05.	02.06.-20.06.	09.05.-27.05.	24.05.
Abfischgröße	0,75 g	0,67-0,95 g	0,83-1,18 g	0,75-1,00 g	1,05 g
Abfischmenge	14.000 St.	20.000 St.	20.000 St.	50.000 St.	10.000 St.
Lieferung*	Weissensee	Gosau- Irrsee	Weissensee	Atter- Irrsee	Mondsee

* Hauptbesatzgewässer. + Donaustamm (Walchensee in Oberbayern).

Produktionsergebnisse von Bachforellen (*S. trutta*)

mit lebendem Zooplankton am Wallersee:

(Nach: Steiner et al., unveröffentlicht)

Aufzuchtjahr	1995	1996	1997	1998	2000
Herkunft+	Hallstatt	Windischgarst.	Windischgarst.	Spital/Pyhrn	Windischgarst.
Besatzdatum	06.04.	19.04.	28.03.	31.03.-15.04.	30.03.-06.04.
Besatzgröße	23 mm, 0,10 g	22 mm, 0,09 g	24 mm, 0,11 g	22 mm, 0,09 g	23 mm, 0,10 g
Besatzmenge	14.000 St.	17.000 St.	23.000 St.	53.000 St.	30.000 St.
Beckenanzahl	1-2	1-2	1-2	2-3	2-3
Abfischdatum	19.6.-24.06.	10.06.	26.05.	22.06.	09.06.-08.05.
Abfischgröße	0,71-0,80 g	0,45 g	0,74 g	0,87-0,74 g	0,42-0,27 g
Abfischmenge	13.000 St.	17.000 St.	20.000 St.	52.000 St.	29.000 St.
Lieferung*	Unterach	Unterach	Unterach	Rinn	Unterach

* Hauptbesatzgewässer. + Donaustamm.

Wachstumsverlauf von Seeforellen (*S. trutta*)
während der Aufzuchtperiode am Wallersee:
(Nach: Steiner et al., unveröffentlicht)

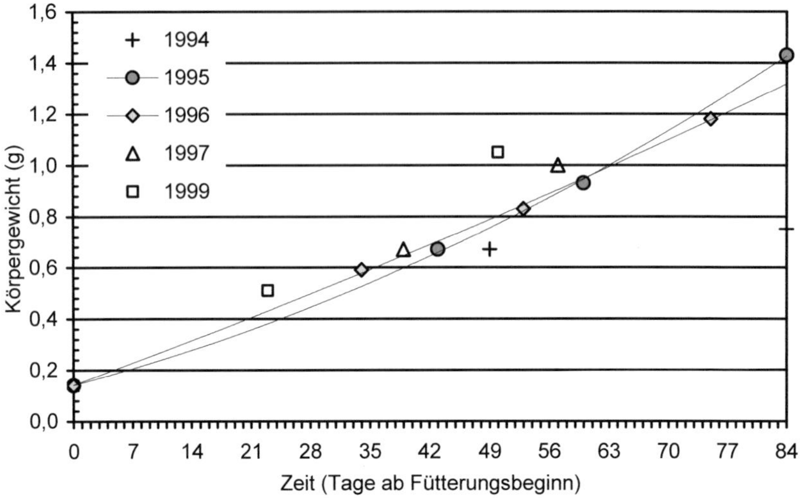

Wachstumsverlauf von Hechten (*E. lucius*)
während der Aufzuchtperiode am Wallersee:
(Nach: Steiner et al., unveröffentlicht)

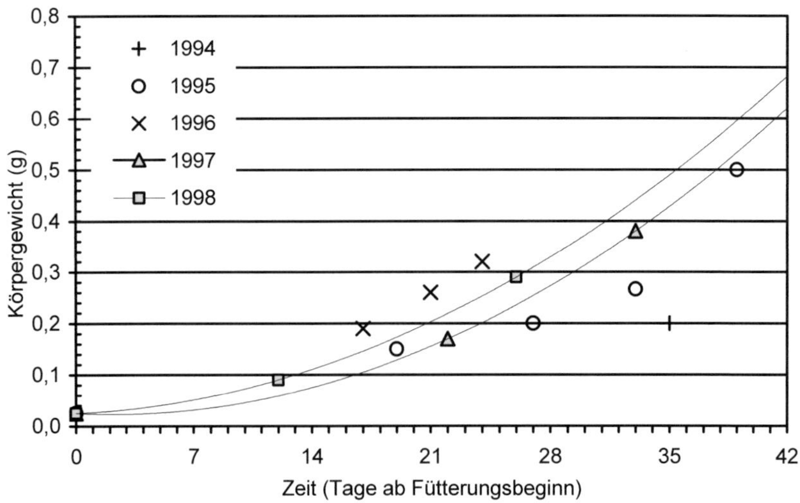

Produktionsergebnisse von Maränen/Renken (*C. lavaretus*)
mit lebendem Zooplankton am Wallersee:
(Nach: Steiner et al., unveröffentlicht)

Aufzuchtjahr	**1994**	**1995**	**1996**	**1997**	**1998**
Herkunft	Waldviertel	Millstättersee	Irrsee	Irrsee	Achensee
Besatzdatum	12.03.	07.04.	18.04.	27.03.	14.05.
Besatzgröße	13 mm, 0,02 g	12 mm, 0,01 g	12 mm, 0,01 g	12 mm, 0,01 g	12 mm, 0,01 g
Besatzmenge	160.000 St.	150.000 St.	150.000 St.	160.000 St.	55.000 St.
Beckenanzahl	4	5	3	3	1
Abfischdatum	06.05.-30.05.	19.05.-09.06.	13.05.-16.06.	15.05.-18.05.	21.06.
Abfischgröße	0,20-0,33 g	0,25-0,33 g	0,09-0,13 g	0,16 g	0,06 g
Abfischmenge	150.000 St.	116.000 St.	134.000 St.	130.000 St.	45.000 St.
Lieferung*	Plansee	Wolfgangsee	Irr- Attersee	Irr- Attersee	Mondsee

* Hauptbesatzgewässer.

Produktionsergebnisse von Äschen (*T. thymallus*)
mit lebendem Zooplankton am Wallersee:
(Nach: Steiner et al., unveröffentlicht)

Aufzuchtjahr	**1994**	**1997**	**1998**	**1999**	**2000**
Herkunft	Salzach	Inn	Inn	Mur	Inn
Besatzdatum	21.05.	13.05.	21.05.	12.05.	09.05.
Besatzgröße	16 mm, 0,03 g	16 mm, 0,03 g	16 mm, 0,03 g	16 mm, 0,03 g	16 mm, 0,03 g
Besatzmenge	25.000 St.	25.000 St.	25.000 St.	40.000 St.	15.000 St.
Beckenanzahl	1-2	2	2	2	1
Abfischdatum	12.07.	09.06.-03.07.	22.06.	22.06.-29.06.	14.06.
Abfischgröße	0,36 g	0,20-0,74 g	0,29 g	0,34-0,38 g	0,21 g
Abfischmenge	20.000 St.	21.000 St.	19.000 St.	34.000 St.	11.000 St.
Lieferung*	Salzach	Salzach	Inn	Mur	Inn

* Hauptbesatzgewässer.

Produktionsergebnisse von Hechten (*E. lucius*)
mit lebendem Zooplankton am Wallersee:
(Nach: Steiner et al., unveröffentlicht)

Aufzuchtjahr	**1994**	**1995**	**1996**	**1997**	**1998**
Herkunft	Trummersee	Wolfgangsee	Attersee	Attersee	Attersee
Besatzdatum	19.05.+	11.05.	10.06.	31.05.-12.06.	26.05.
Besatzgröße	14 mm, 0,02 g	14 mm, 0,02 g	13 mm, 0,02 g	13 mm, 0,02 g	13 mm, 0,02 g
Besatzmenge	100.000 St.	70.000 St.	119.000 St.	65.000 St.	40.000 St.
Beckenanzahl	3-1	2	5	3-4	1-2
Abfischdatum	23.06.	06.06.-12.06.	29.06.-02.07.	02.07.-08.07.	19.06.
Abfischgröße	0,20 g	0,20-0,27 g	0,26-0,32 g	0,38-0,25 g	0,29 g
Abfischmenge	30.000 St.	60.000 St.	101.000 St.	61.000 St.	39.000 St.
Lieferung*	Mattsee	Wallersee	Wallersee	Plansee	Wolfgangsee

* Hauptbesatz. + Algenprobleme nach 3-4 Wochen: *Microcystis* und *Ceratium* (20 St./ml).

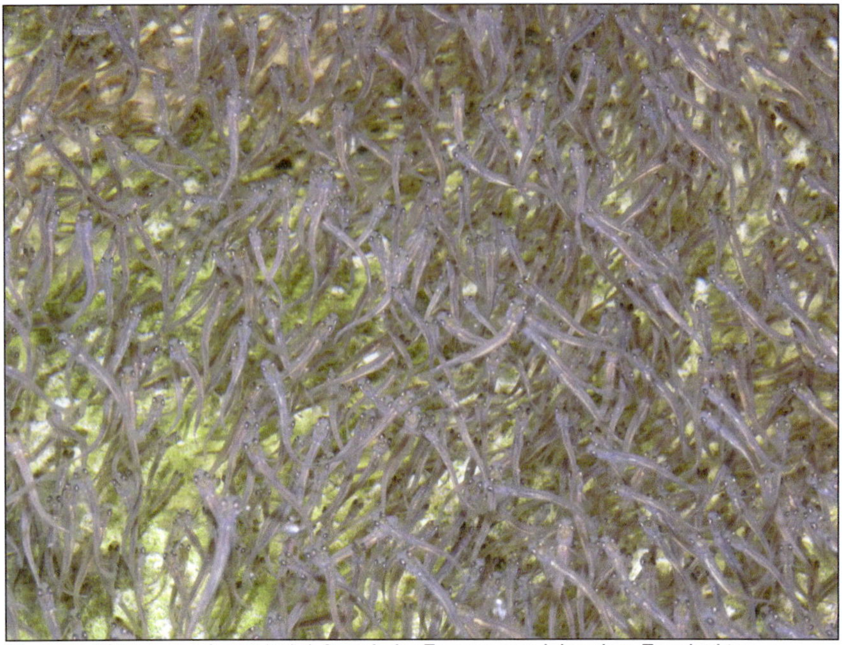

Maränen (*Coregonus lavaretus*) 1-2 cm beim Fressen von lebendem Zooplankton

Hechte (*Esox lucius*) 2-3 cm beim Fressen von lebendem Zooplankton

Seesaiblinge (*Salvelinus alpinus*) 3-4 cm beim Fressen von lebendem Zooplankton

Seeforellen (*Salmo trutta*) 4-5 cm beim Fressen von lebendem Zooplankton

Produktionsergebnisse am Wallersee

bei der Aufzucht von Nasen (*C. nasus*):

(Nach: Steiner et al., unveröffentlicht)

Produktionsjahr	Besatzmenge	Produktionszeit	Abfischgröße	Abfischmenge
1999*	70.000 St.	19.05.-30.06.	0,07 g	47.000 St.

* Becken: Langstrombecken 2,7 m3; Wassertemperatur: 15,0 (13,0-19,0) °C;
Fütterung: 2 Wochen Siebnetz, 2 Wochen Standardnetz, 2 Wochen Trockenfutter.

Neben der Anlage am Wallersee (WS) wurden und werden aber auch in einigen anderen Anlagen, wie am Bodensee (BS) und Mondsee (MS), viele Fischarten mit lebendem Zooplankton aufgezogen (siehe Tab.).

Europäische Süßwasserfische

die bisher mit lebendem Zooplankton aufgezogen wurden:

(Nach: Hochleithner, unveröffentlicht)

Fischart	Haltungsbecken	Haltungswasser	Aufzuchtanlage
Acipenseridae:			
Acipenser baerii	Rundstrombecken	Warmwasser	MS
Acipenser ruthenus	Rundstrombecken	Warmwasser	MS
Salmonidae:			
Hucho hucho	Langstrombecken	Kaltwasser	MS, WS
Salmo salar	Langstrombecken	Kaltwasser	WS
Salmo trutta	Rund- u. Langstrombecken	Kaltwasser	BS, MS, WS
Salvelinus alpinus	Rund- u. Langstrombecken	Kaltwasser	BS, MS, WS
Coregonidae:			
Coregonus lavaretus	Rund- u. Langstrombecken	Kaltwasser	BS, MS, WS
Coregonus peled	Langstrombecken	Kaltwasser	MS
Thymallidae:			
Thymallus thymallus	Rund- u. Langstrombecken	Kaltwasser	BS, MS, WS
Esocidae:			
Esox lucius	Rund- u. Langstrombecken	Kalt- u. Warmwasser	BS, MS, WS
Cyprinidae:			
Abramis brama	Rundstrombecken	Warmwasser	MS
Barbus barbus	Rundstrombecken	Warmwasser	MS
Chondrostoma nasus	Rund- u. Langstrombecken	Kalt- u. Warmwasser	MS, WS
Phoxinus phoxinus	Rundstrombecken	Kalt- u. Warmwasser	MS
Rutilus meidingerii	Rundstrombecken	Warmwasser	MS
Telestes souffia	Rundstrombecken	Warmwasser	MS
Tinca tinca	Rundstrombecken	Warmwasser	MS
Percidae:			
Perca fluviatilis	Rundstrombecken	Warmwasser	MS
Sander lucioperca	Rundstrombecken	Warmwasser	MS, WS
Gadidae:			
Lota lota	Rund- u. Langstrombecken	Kaltwasser	MS, WS
Cottidae:			
Cottus gobio	Rund- u. Langstrombecken	Kaltwasser	MS, WS

Abkürzungen: BS = Bodensee, MS = Mondsee, WS = Wallersee;

Aufzuchtanlage mit rechteckigen Becken aus Metall (Wallersee)

Aufzuchtanlage mit kreisrunden Becken aus Kunststoff (Bodensee)

Produktionsergebnisse am Bodensee
bei der Aufzucht von Äschen (*T. thymallus*):
(Nach: Hochleithner, unveröffentlicht)

Produktionsjahr	1987	1988
Herkunft	Inn	Inn
Laichfischfang	19.03. – 29 St.	18.03. – 45 St.
Abstreifen	23. + 26.03.	20. + 29.03.
Eimenge	5 l (20.000 St./l)	10 l (20.000 St./l)
Laicherverluste	04.04. – 9 St.	06.04. – 5 St.
Anfütterung*	21. + 24.04.	19. + 27.04.
Abfischung	04.06.	25.05.
Abfischmenge	50.000 St. (4.000 St./kg)	115.000 St. (7.000 St./kg)

* Becken: Rundbecken 1,8 m3.

Zusammenfassend kann für die Aufzucht von empfindlichen oder kleinen Fischlarven und Jungfischen bis zu einer Größe von 3-5 cm, lebendes Zooplankton für alle Fischarten empfohlen werden. Copepoden sind dafür wegen des geringeren Schalenanteils bzw. höheren Nährwertes etwas besser geeignet als Phyllopoden. Beim Vorstrecken mit lebenden Copepoden kann es jedoch, je nach Gewässer und Jahreszeit, zum Befall mit Bandwürmern (z.B.: *Triaenophorus*) und gelegentlich zu Verlusten kommen, vor allem bei Äschen und Regenbogenforellen. In der Regel sind bei der Verfütterung von lebendem Zooplankton aber Parasiten kein großes Problem (Hochleithner, 2014).

Für alle Fischarten mit großen Larven (Lachse, Forellen, Saiblinge) kann das gefangene Zooplankton ungesiebt verfüttert werden, lediglich andere Organismen und Verunreinigungen (Pflanzen und Schmutz) sollten mit einem groben Sieb entfernt werden. Für Fischarten mit mittelgroßen Larven (Äschen, Renken, Hechte) sollte das Zooplankton in den ersten 1-3 Wochen gesiebt werden, um den Anteil an Nauplien (100-300 µm) und Copepoditen (400-700 µm) zu erhöhen.

Für viele kleine Fischlarven (Rutten, Barsche, Nasen) ist das ungesiebte Zooplankton ebenfalls zu groß und teilweise sogar gefährlich, da einige räuberische Copepodenarten (z.B. *Acanthocyclops*) die Larven angreifen und schädigen können. Dies kann bis zum Totalausfall führen (Hochleithner, 2014).

Zur Siebung des Planktons wurde eine Sortieranlage mit 3 rotierenden Siebtrommeln entwickelt, deren Ergebnisse jedoch wenig befriedigend waren, da das Plankton mechanisch beschädigt wurde und die Kapazität der Anlage gering war. Erst durch die Entwicklung eines mehrlagigen Planktonnetzes (Mehrfachsiebnetz) ist es gelungen, den Massenfang von Zooplankton mit einer gleichzeitigen Fraktionierung effizient und wirtschaftlich zu kombinieren (siehe Planktonsiebnetze).

Planktonsiebnetze

In den 1990er Jahren wurde intensiv an der Entwicklung von speziellen Mehrfachsiebnetzen gearbeitet. Das Ergebnis war ein Siebnetzsystem mit 2-3 ineinander liegenden Planktonnetzen von unterschiedlichen Formen und Maschenweiten (siehe Abb.), wodurch das Plankton bereits während des Fanges in verschiedene Größenklassen sortiert wurde. Die Partikelgrößen der einzelnen Fraktionen hängen dabei von den eingesetzten Maschenweiten ab. Besonders gut können so die kleinen Planktonformen (Rotatorien, Nauplien) von den größeren Formen und Stadien (Copepoden, Phyllopoden) getrennt werden (siehe Tab.). Erst die Entwicklung dieses Systems ermöglichte eine erfolgreiche und wirtschaftliche Aufzucht selbst von kleinsten Fischlarven.

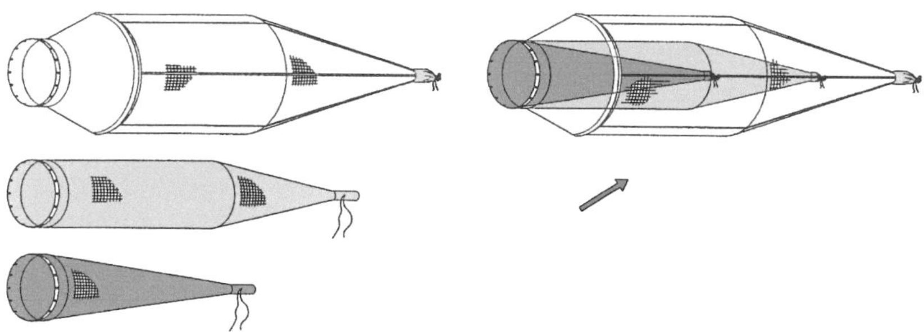

Skizze eines Mehrfachsiebnetzes (Beispiel)

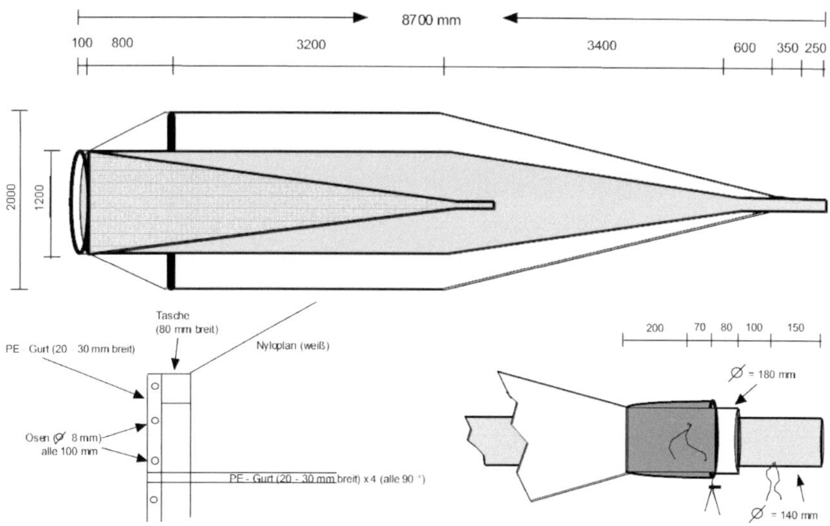

Maße sowie Details von Netzöffnung (Anfang) und Netzverschluss (Ende)

Im Rahmen einer Kooperation mit dem "Institut für Gewässerökologie, Fischereibiologie und Seenkunde" des "Bundesamtes für Wasserwirtschaft" der Republik Österreich wurde dieses Siebnetzsystem (1994-1995) für den Planktonfang im Wallersee eingesetzt und das so gewonnene Zooplankton in der Larvenaufzucht an Aalrutten (*Lota lota*) erprobt.
Die Laichfische wurden in der Fischzuchtanstalt Kreuzstein am Mondsee (MS) in Becken gehältert und ohne Hormonbehandlung nach 1-3 Tagen künstlich vermehrt. Dabei wurden die Eier (300.000-700.000 Stück/kg Körpergewicht) abgestreift, mit Sperma vermischt und nach 1-3 Minuten mit Quellwasser verdünnt. Nach mehrmaligem Wasserwechsel wurden die Eier ½ Stunde nach der Befruchtung in Zugergläsern (Volumen ca. 8 l) mit gefiltertem Bachwasser erbrütet. Die Larven schlüpfen bei einer Temperatur von 4-8 °C nach 120-140 Tagesgraden.
Die Fütterungsversuche mit Aalrutten (*Lota lota*) erfolgten in mehreren rechteckigen Langstrombecken aus hell gestrichenem Stahl (L x B x H: 6,0 x 1,5 x 0,4 m; Volumen 2.700 l) in der Fischaufzuchtanlage in Neumarkt am Wallersee (WS). Insgesamt standen in der Aufzuchtanlage bis zu 16 Becken unter Dach und 4 Becken im Freien, zur Verfügung, die jedoch nicht allen für Aalrutten, sondern auch für andere Fischarten (Saiblinge, Forellen, Lachse, Renken, Äschen, Hechte etc.), genutzt wurden. Die Becken für die Aalrutten befanden sich unter Dach und wurden teilweise auch noch (zu 2-4 Laufmeter) abgedeckt. In den Becken erfolgte ein kontinuierlicher Wasseraustausch mit gefiltertem Quellwasser. Zu Beginn der Aufzuchtperiode betrug der Zulauf ca. 5-10 l/min und wurde bis zum Ende auf ca. 20-30 l/min gesteigert. Die Ablaufgitter der Aufzuchtbecken (1,0 mm Schlitzblech) wurden bis zum 42. Tag mit einem Siebgewebe (MW 0,3 mm) bespannt. Futterreste und Kotpartikel sowie verendete Tiere wurden anfangs kaum und erst später (ab Tag 21-28) regelmäßig (alle 2-3 Tage) durch Absaugen vom Beckenboden entfernt.

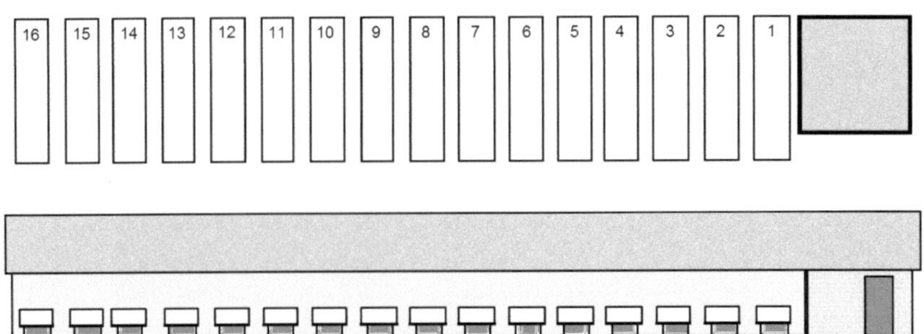

Skizze der Aufzuchtanlage am Wallersee (Draufsicht oben und Seitenansicht unten)

Planktonsiebnetz (Mehrfachsiebnetz)

Aufzuchtbecken (Langstrombecken)

Der Vorversuch (1994) diente zur Klärung der Nahrungspräferenzen der Fischlarven und zur entsprechenden Optimierung der eingesetzten Netztechnik und Aufzuchtmethode. In Abständen von 3 bzw. 7 Tagen wurden mindestens 5 Larven und Proben des jeweils verfütterten Planktons in 4 % Formaldehyd fixiert. Von diesen Proben wurden Länge und Gewicht der Larven bestimmt, der Inhalt des Darmtraktes und die Zooplanktonproben hinsichtlich taxonomischer Großgruppen untersucht und die Länge der gefressenen Organismen bestimmt.

Für den Vorversuch erhielten wir am 18.03.1994 ca. 50.000 Stück geschlüpfte Larven mit einer mittleren Länge von 3,7 mm. Die Fische wurden in ein Aufzuchtbecken (Volumen: ca. 2,7 m^3) gesetzt. Die Larven lagen vorerst am Boden und zehrten vom Dottersack, erst ca. 5 Tage nach dem Schlupf öffnete sich die Maulspalte; die Larven schwammen zur Wasseroberfläche und füllten die Schwimmblase. Ab diesem Zeitpunkt (22.03.1994) erfolgte die Fütterung; die Nahrungsaufnahme setzte bei den Larven jedoch erst eine Woche später ein, also ca. 10-14 Tage nach dem Schlupf. Aufgrund des ausgedehnten Schlupfzeitraumes wird dieser Tag (29.03.1994) im Folgenden als Tag 1 bezeichnet. Bereits zu diesem Zeitpunkt war eine hohe Mortalität (ca. 80 %) zu beobachten, ab Tag 6 wurden jedoch nur mehr einzelne Ausfälle registriert. Zum Ende dieses Vorversuchs (Tag 95) wurden insgesamt 8.000 Stück Aalrutten abgefischt. Sie hatten eine mittlere Gesamtlänge von 42 mm (Stückgewicht 0,47 g) erreicht. Die mittlere Wassertemperatur während dieses Vorversuches betrug 9,2 (min. 4,9 – max. 15,0) °C und der Sauerstoffgehalt über 6,0 mg/l.

Der Hauptversuch (1995) diente zur Ermittlung des Wachstums und der Überlebensrate in einer kommerziellen Größenordnung. Das Wachstum wurde in Abständen von ca. 2 Wochen durch Messen von Länge und Gewicht von jeweils 5-10 Fischen bestimmt. Die Überlebensrate wurde in Abständen von ca. 4 Wochen durch Auszählen einer Probe (Stück/kg) und Abwiegen der gesamten Fischmenge erfasst.

Für den Hauptversuch erhielten wir am 23.03.1995 (Tag 1) ca. 85.000 Stück schwimm- und fressfähige Larven (ca. 15 Tage nach dem Schlupf) mit einer mittleren Länge von 4,4 mm. Die Fische wurden zu gleichen Teilen auf 2 Aufzuchtbecken (Volumen: ca. 2,7 m^3) aufgeteilt (15.700 Stück/m^3). Im weiteren Versuchsverlauf wurden die Fische dann weiter aufgeteilt: ab Tag 57 auf 3 Becken (9.000 Stück/m^3), ab Tag 71 auf 4 Becken (6.700 Stück/m^3), und ab Tag 85 auf 5 Becken (5.400 Stück/m^3). Die Mortalität war während des gesamten Aufzuchtversuches gering (ca. 20 %). Zum Ende dieses Hauptversuchs (Tag 96) wurden insgesamt 68.000 Stück Aalrutten abgefischt. Sie hatten eine mittlere Gesamtlänge von 45 mm (Stückgewicht 0,67 g) erreicht. Die mittlere Wassertemperatur während dieser Versuchsperiode betrug 9,7 (min. 4,6 – max. 12,7) °C.

Verlauf von Temperatur und Leitfähigkeit des Quellwassers

während der Aufzuchtperiode (1995):

(Nach: Steiner et al., unveröffentlicht)

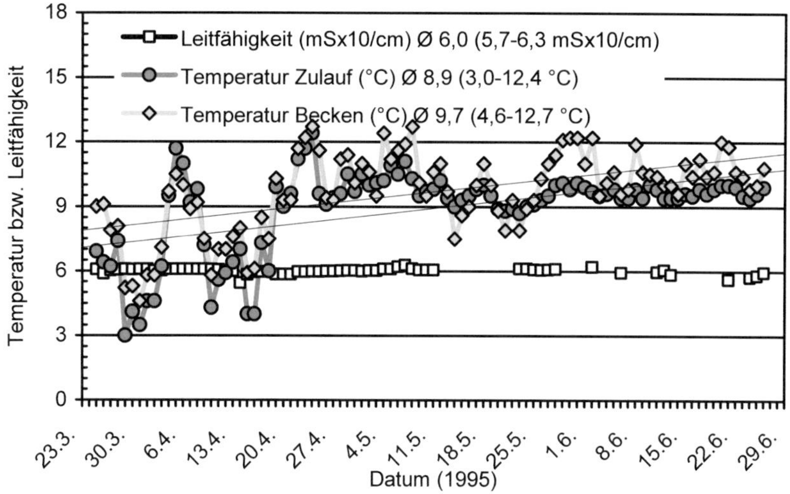

Verlauf von Temperatur und Leitfähigkeit im Wallersee

an der Seeoberfläche während der Aufzuchtperiode (1995):

(Nach: Steiner et al., unveröffentlicht)

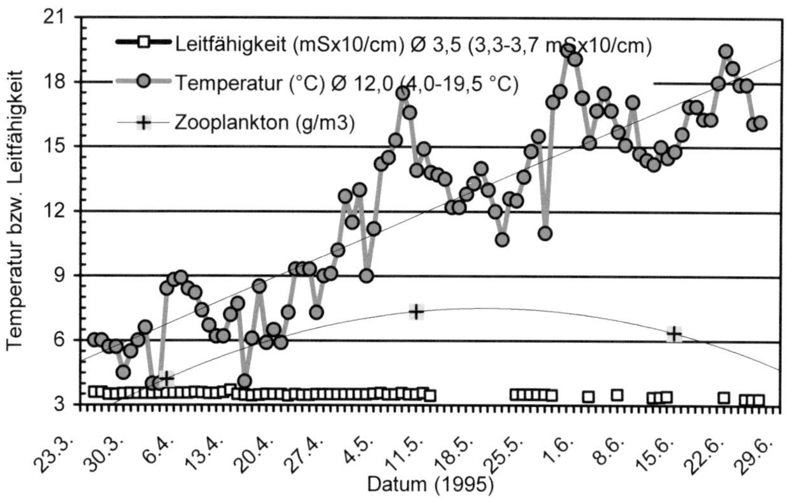

Der Planktonfang erfolgte für gewöhnlich 1-2 x täglich. Das gefangene Plankton wurde nach dem Fang lebend verfüttert, wobei darauf geachtet wurde, das Vorhandensein einer ausreichenden Menge von Nährtieren in den Becken durchgehend zu gewährleisten (Fütterung ad libitum). Folgende Netze wurden dabei für den Fang von Plankton eingesetzt:

- Tag 01-10: Mehrfachsiebnetz 1 (Ø 0,8 m): MW 120/240/480 µm
- Tag 11-28: Mehrfachsiebnetz 2 (Ø 1,2 m): MW 150/300/600 µm
- Tag 29-71: Standardnetz 1 (Ø 1,5 m): MW 250 µm
- Tag 72-96: Standardnetz 2 (Ø 2,0 m): MW 385 µm

Fangmengen an Zooplankton mit Siebnetzen pro Stunde:

(Nach: Steiner et al., 1996, Hochleithner, 2002)

Planktonsiebnetz	Maschenweiten	Planktongrößen	Planktonmenge	
Maximalfänge	**Netzsatz**	**Zooplankton**	**1994**	**1995**
Größe 1	120 µm	150-600 µm	750 g	450 g
Größe 2	240 µm	400-1200 µm	4050 g	2700 g
Größe 3	480 µm	1000-1500 µm	450 g	750 g
Gesamt Netz 1	-	**150-1500 µm**	**5250 g**	**3900 g**
Größe 1	150 µm	300-800 µm	4050 g	3000 g
Größe 2	300 µm	600-1200 µm	5400 g	4500 g
Größe 3	600 µm	1200-1600 µm	360 g	300 g
Gesamt Netz 2	-	**300-1600 µm**	**9810 g**	**7800 g**

Netz 1: Durchmesser 0,8 m; Länge 6 m; Öffnung 0,5 m2; Volumen gefiltert ca. 1.200 m3/h;
Netz 2: Durchmesser 1,2 m; Länge 8 m; Öffnung 1,1 m2; Volumen gefiltert ca. 2.600 m3/h;

Biologische Zusammensetzung des Zooplanktons (1995):

(Nach: Schotzko, unveröffentlicht)

	Taxa	Länge+	Gewicht nass/trock.		Häufigkeit-
Rotator.	*Asplanchna*	400 µm	14,72	0,57 µg	0,35
	Brachionus	100 µm	0,14	0,01 µg	0,00
	Keratella	100 µm	0,22	0,02 µg	0,01
	Kellikottia	100 µm	0,03	0,00 µg	0,00
Phyllopoda	*Bosmina*	600 µm	34,57	4,14 µg	1,00
	Daphnia	1500 µm	-	21,06 µg	5,09
	Diaphanosoma	800 µm	-	2,35 µg	0,57
	Ceriodaphnia	700 µm	-	3,94 µg	0,95
	Leptodora	5000 µm	-	32,30 µg	7,81
	Polyphemus	1000 µm	-	16,11 µg	3,89
	Scapholeberis	600 µm	-	3,66 µg	0,89
Copepoda	*Eudiaptomus*	1200 µm	-	7,93 µg	1,92
	Heterocope	1200 µm	77,81	9,67 µg	2,34
	Cyclops	1200 µm	-	13,89 µg	3,36
	Macrocyclops	1200 µm	90,47	11,05 µg	0,18
	Thermocyclops	1200 µm		5,80 µg	1,40

+ Adulte ohne Furca oder Setae; - *Bosmina* = 1,00;

Menge der Planktongrößen je Netzeinheit
in Abhängigkeit von der Schleppgeschwindigkeit:
(Nach: Hochleithner, unveröffentlicht)

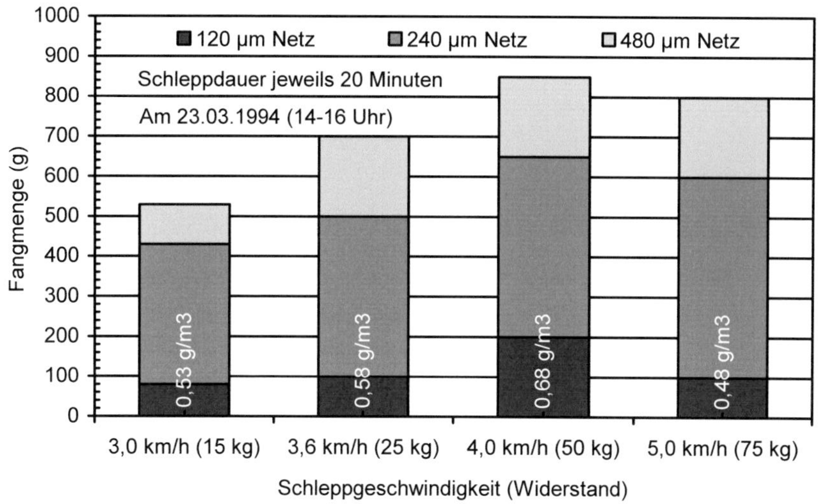

Anteil der Planktonformen je Netzeinheit
während der Aufzuchtdauer (1994):
(Nach: Steiner et al., 1996; Hochleithner, 2002)

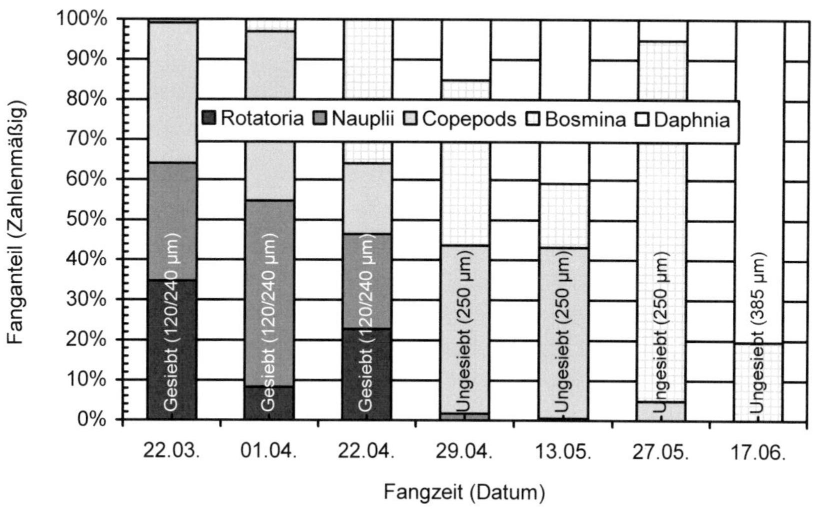

Im ersten Monat ab Fütterungsbeginn wurden mehrlagige Siebnetze mit einer Mindestmaschenweite von 120 µm eingesetzt, um die dem Entwicklungsstadium der Aalrutten entsprechenden Planktongrößen optimal sortiert und in ausreichender Menge (ca. 20-80 g/Becken und Tag) zu erhalten (siehe Tab.). Der Anteil der kleinsten Nährtiere (Rotatorien und Nauplien, 100-400 µm) macht beim Siebnetz im Mittel über 50 % der Fänge aus (siehe Abb.). Bei herkömmlichen einlagigen Netzen liegt der Anteil dieser kleinen und als Startfutter äußerst wichtigen Planktonorganismen höchstens im Bereich einiger Prozente des Gesamtfanges. Der erfolgreiche Planktonfang ist mit einlagigen Netzen bei Maschenweiten unter 150 µm aber auch bei langsamer Schleppgeschwindigkeit wegen der Staubildung praktisch nicht möglich. Bei der Aufzucht in den Becken nahmen die Aalrutten ab einer Länge von ca. 7 mm (Tag 25) zumindest zu 12 % Copepoden in der Größenklasse über 0,8 mm auf. Cladoceren (*Bosmina*), die zu dieser Zeit ebenfalls in den Fängen auftraten, waren in den Mageninhalten noch nicht vertreten. Diese Ergebnisse machen deutlich, dass für eine erfolgreiche Aufzucht mit gefangenem Zooplankton zumindest während der ersten 25 Tage nach Eintreten der Fressreife eine Siebung der Nährtiere in entsprechende Größenklassen erforderlich ist. Gleichzeitig wird durch diese Siebung vermieden, dass es bei den Fischen zu Ausfällen durch große räuberische Zooplankter (z. B. Cyclopiden) kommt.
Im zweiten Monat nach Fütterungsbeginn wurden anschließend an die „Anfütterungsperiode" einlagige Planktonnetze mit einer Maschenweite von 250 µm eingesetzt und die Aalrutten mit ungesiebtem Zooplankton (ca. 1-2 kg/Becken und Tag) vor allem Copepoden und Bosminen in der Größenklasse von 400-1200 µm weiter gefüttert. Copepoden, und hier vor allem Cyclopiden, stellen in dieser Phase auch in der Natur die bedeutendste Nahrungskomponente dar. Die Fischlarven schweben während der ersten zwei Monate im freien Wasser, verhalten sich deutlich phototaktisch positiv (meiden abgedeckte Beckenbereiche) und gehen erst anschließend an die Metamorphose mit einer Länge von ca. 20-25 mm zum Leben am Boden und ihrer typischen versteckten, nachtaktiven Lebensweise über. Dieses Verhalten kann man auch für die Beckenreinigung ausnützen, indem man mindestens eine Stunde vor Reinigungsbeginn einen Teil der Aufzuchtbecken abdeckt. Die Fischlarven verlassen dann diese abgedunkelten Bereiche, sodass diese besser gereinigt werden können, ohne dabei Fische mit einzusaugen (Vermeidung bakterieller Kiemenschwellung).
Im dritten Monat nach Fütterungsbeginn konnten bereits einlagige Planktonnetze mit einer Maschenweite von 385 µm eingesetzt werden, sodass den Aalrutten ab einer mittleren Länge von 30 mm hauptsächlich (80 %) Daphnien in einer Größenklasse zwischen 0,8 und 1,5 mm angeboten wurden, die auch entsprechend gefressen wurden.

Inhalt des Verdauungstraktes von Aalrutten (*L. lota*)
die mit lebendem Zooplankton gefüttert wurden (1994):
(Nach: Steiner et al., 1996)

Aalrutten		Zooplankton			
Alter	**Größe**	**Anteil**	**Größe**	**Formen**	
Tag 1	4,3 mm 0,29 mg	14 % 26 % 60 %	0,1-0,3 mm 0,2-0,4 mm 0,3-0,5 mm	Rotatorien Nauplien Copepodite	gesiebt
Tag 11	5,0 mm 0,85 mg	100 %	0,3-0,6 mm	Copepodite	gesiebt
Tag 18	6,1 mm 1,17 mg	41 % 11 % 48 %	0,2-0,4 mm 0,2-0,4 mm 0,4-0,8 mm	Nauplien Daphnien Copepodite	gesiebt
Tag 25	7,2 mm 2,86 mg	25 % 63 % 12 %	0,2-0,4 mm 0,4-0,8 mm 0,8-1,2 mm	Nauplien Copepodite Copepoden	gesiebt
Tag 39	10,0 mm 14,30 mg	40 % 50 % 10 %	0,4-0,8 mm 0,8-1,2 mm 0,8-1,2 mm	Copepodite Copepoden Cladoceren	ungesiebt
Tag 46	13,3 mm 32,40 mg	20 % 40 % 40 %	0,4-0,8 mm 0,8-1,2 mm 0,8-1,2 mm	Copepodite Copepoden Cladoceren	ungesiebt
Ab einer Länge von ca. 16 mm wurden die größten verfügbaren Formen aufgenommen.					

Inhalt des Verdauungstraktes von Aalrutten (*L. lota*)
im natürlichen Lebensraum (Lake Oneida):
(Nach: Ghan & Sprules, 1993)

Aalrutten			Zooplankton		
Alter	**Größe**	**Maul**	**Anzahl**	**Größe**	**Formen**
Tag 1	3,7 mm	0,16 mm	2 St.	0,0-0,2 mm	Rotatorien Nauplien
Tag 7	4,3 mm	0,25 mm	4 St.	0,1-0,3 mm	Rotatorien Nauplien
Tag 14	5,3 mm	0,38 mm	6 St.	0,2-0,4 mm	Nauplien
Tag 21	6,5 mm	0,57 mm	9 St.	0,2-0,8 mm	Nauplien Copepodite
Tag 28	8,5 mm	0,91 mm	17 St.	0,4-0,8 mm	Copepoden
Tag 35	10,0 mm	1,20 mm	26 St.	0,5-1,0 mm	Copepoden
Tag 42	12,0 mm	1,50 mm	36 St.	0,8-1,5 mm	Copepoden Cladoceren

Nach den Freilanduntersuchungen im Lake Oneida (USA) von Ghan & Sprules (siehe Tab.) nehmen die Larven bereits 5 Tage nach dem Schlüpfen (= Tag 1) – noch vor dem vollständigen Aufzehren des Dottersackes – Planktonnahrung, und zwar neben Rotatorien vor allem Copepoden-Nauplien, auf. Eigenen Untersuchungen zufolge erfolgte die erste Nahrungsaufnahme jedoch erst ca. 14 Tage nach dem Schlüpfen. Dieser Unterschied ist gravierend und kann sowohl durch die unterschiedlichen Milieubedingungen wie Wassertemperatur (dazu keine Angaben bei Ghan & Sprules) unter welchen die Arbeiten durchgeführt wurden, aber möglicherweise auch durch Schwierigkeiten bei der Bestimmung des Schlüpfzeitpunktes bei den Freiland-untersuchungen bedingt sein.
Für beide Untersuchungen relativ einheitlich sind jedoch der Zuwachs und das Größenspektrum, sowie die Qualität der in den verschiedenen Entwicklungsstadien aufgenommenen Nahrung. Aus der Untersuchung von Ghan & Sprules lässt sich auch entnehmen, dass Larven unter natürlichen Bedingungen in den ersten 14 Tagen (unter 5 mm Totallänge) nur sehr kleine Planktongrößen (unter 0,5 mm) aufnehmen. Auch nach einem Monat, bei einer Totallänge von etwa 8,5 mm, beträgt die Größe der aufgenommenen Nährtiere noch maximal 0,8 mm, während bei der Beckenaufzucht die Larven ab einer Länge von ca. 7 mm (D 25) zumindest teilweise auch größere Copepoden aufnahmen.

Längenwachstum von Aalrutten (*L. lota*)
die mit lebendem Zooplankton gefüttert wurden:
(Nach: Steiner et al., 1996)

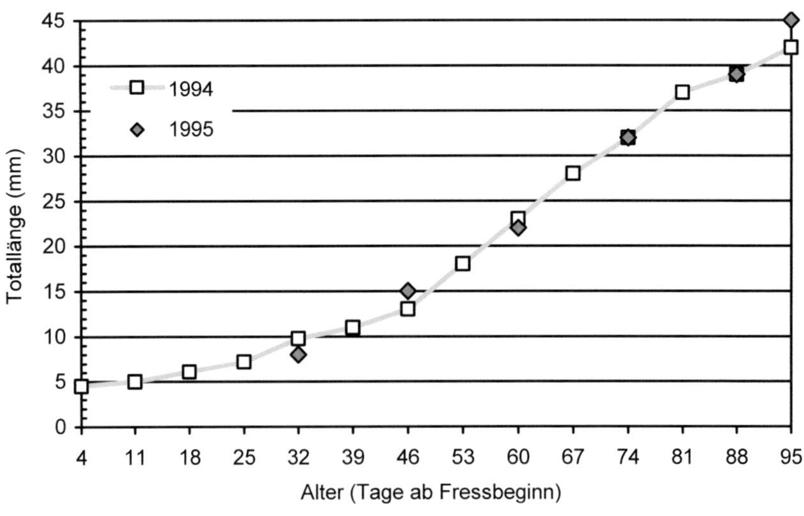

Am Tag 30, kurz nach dem ersten Absaugen der Becken, zeigte sich eine leichte bakterielle Kiemenschwellung, die durch Kurzzeitbäder mit Chloramin T (10-20 ppm für 2 h) therapiert wurde. Am Tag 34 wurde zusätzlich ein mäßiger Befall der Jungfische mit Ektoparasiten (*Trichodina*) festgestellt, der durch ein Kurzzeitbad mit Formaldehyd (150 ppm für 2 h) erfolgreich behandelt werden konnte. Zwischen Tag 32 und Tag 41 (vermutlich der Zeitraum der Metamorphose) zeigten sich die größten Ausfälle, danach blieb die tägliche Mortalität auf einem relativ konstanten, niedrigen Niveau und war ab einer Größe von ca. 25 mm (Tag 60) vor allem durch Kannibalismus bzw. Bissverletzungen der Vorwüchser an den Nachwüchsern bedingt. Ab Tag 75 waren keine Ausfälle mehr, weder durch Krankheiten noch durch Kannibalismus, feststellbar. Die Überlebensraten betrugen am Tag 43 etwa 90 %, am Tag 71 zirka 82 % und am Tag 96 rund 80 %.
Das Wachstum (Gesamtlänge und Stückgewicht) ist der Tabelle zu entnehmen. Demnach nehmen die Fische im ersten Monat ca. 70 % in der Länge zu, während sich ihr Gewicht in dieser Zeit versiebenfacht (täglicher Gewichtszuwachs ca. 7 %). Im zweiten Monat zeigt sich das stärkste Wachstum. Die mittlere Länge wird verdreifacht (von 7,5 auf 22,0 mm); in Bezug auf das Gewicht konnte eine Vervierunddreißigfachung innerhalb eines Monats festgestellt werden (täglicher Gewichtszuwachs ca. 14 %). Im dritten Monat verflacht die Wachstumsrate wieder und erreicht ähnliche Werte wie im ersten Monat. Nach über 3 Monaten zum Ende der Produktion am Tag 96 betrug die mittlere Gesamtlänge der Fische 45 mm (Stückgewicht 0,67 g).

Produktionsparameter bei Aalrutten (*L. lota*)
die mit lebendem Zooplankton gefüttert wurden (1995):
(Nach: Steiner et al., 1996)

1. Monat		2. Monat		3. Monat	
Tag 1	**Tag 29**	**Tag 43**	**Tag 57**	**Tag 71**	**Tag 85**
4,43 mm	7,50 mm	15 mm	22 mm	32 mm	38 mm
0,45 mg	3,25 mg	33 mg	110 mg	290 mg	450 mg
0,007 kg/m3	0,052 kg/m3	0,53 kg/m3	1,00 kg/m3	1,94 kg/m3	2,43 kg/m3

Die Biomasse der Fische in den Aufzuchtbecken war im ersten Monat äußerst gering (max. 15.800 Stück bzw. 0,05 kg/m^3), im zweiten Monat höher (max. 9.000 Stück bzw. 1,00 kg/m^3), und im dritten Monat am Ende der Vorstreckphase am höchsten (max. 5.400 Stück bzw. 3,62 kg/m^3). Dieser Wert sollte aber im Interesse einer ausreichenden Versorgung mit lebendem Zooplankton und einem entsprechenden Wachstum nach unserer Einschätzung nicht wesentlich überschritten werden.

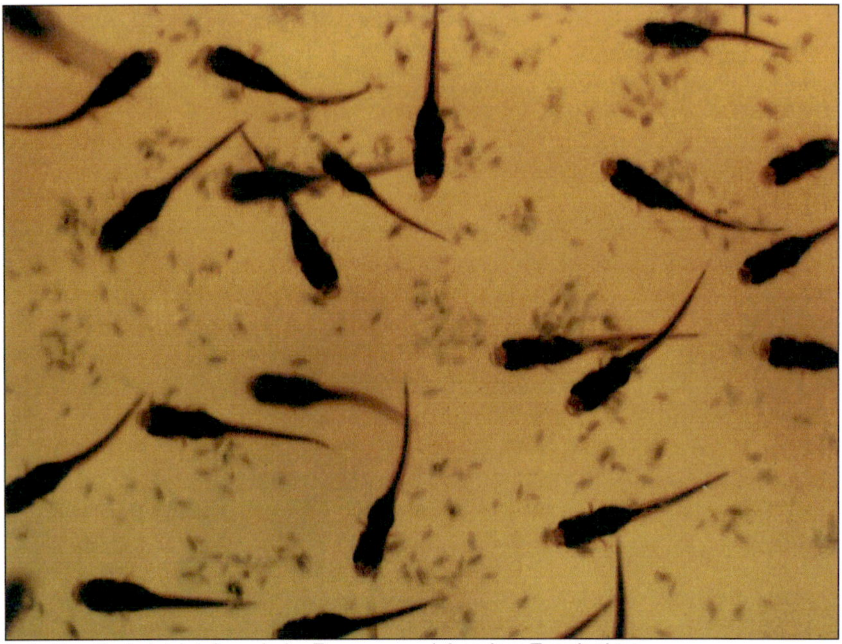

Aalrutten (*Lota lota*) 1-2 cm beim Fressen von lebendem Zooplankton

Aalrutten (*Lota lota*) 3-4 cm beim Fressen von lebendem Zooplankton

Die erfolgreiche Aufzucht von Fischlarven mit sehr kleinen Larvenstadien (Gesamtlänge unter 5 mm) stellte bisher ein großes Problem in der Aquakultur dar. Aufgrund des fortwährenden Bemühens, Trockenfutter möglichst früh in der Larvenaufzucht einzusetzen, wurden alternative, naturnahe und sehr erfolgversprechende Lösungsansätze wohl zu wenig beachtet.
Nach wie vor wird für die Anfütterung kleiner räuberischer Fischlarven Lebendfutter benötigt. Die Vorgehensweise in der konventionellen Aquakultur besteht dabei in der Produktion planktischer Organismen in Größenklassen, die als Startfutter für die kleinen Fischlarven geeignet sind. Es handelt sich dabei in der Regel um Organismen wie Rotatorien und Nauplien von Salinenkrebsen in Größen zwischen etwa 0,1 mm (Rotatorien) und 0,8 mm (Salinenkrebschen-Nauplien).
Abgesehen von den hohen Kosten stellen diese aufwendig produzierten Nährtiere erwiesenermaßen kein vollwertiges Futter für die kleinen, sensiblen Fischlarven dar. Sowohl das Wachstum als auch der Gesundheitszustand werden durch diese unzureichende Diät beeinträchtigt. Trotz aufwendiger Bemühungen, die Qualität dieses Lebendfutters zu verbessern (Anreicherung mit essentiellen Nährstoffen) ist von dieser Fütterungsmethode kein wirklicher Erfolg zu erwarten. Bei einigen wirtschaftlich wichtigen Fischarten (Dorsch, Steinbutt, Zackenbarsch) bleiben die Überlebensraten bis zur Metamorphose damit jedenfalls unter 10 %.
Eine äußerst zielführende Alternative bietet die Fütterung mit lebendem Naturplankton. Für besonders empfindliche Fischlarven ist sie derzeit die einzig wirklich erfolgreiche Aufzuchtmethode. Dass sich diese Methode – auch aus wirtschaftlichen Überlegungen – nicht schon lange weltweit in der marinen Fischzucht verankert und weiterentwickelt hat, liegt am Mangel an Erfahrung in der Methodik dieser Nutzung, vor allem im Bereich der Fang- und Siebtechnik, aber auch an elementaren Fehleinschätzungen hinsichtlich der Verfügbarkeit und qualitativen Eignung dieses Naturfutters. Dazu kommt selbstverständlich auch die Frage des Standortes, an dem sich eine Fischzuchtanlage befindet.
Dass die Nutzung von Naturplankton für die Zukunft der Aquakultur richtungsweisend sein könnte und bereits geringfügige technische Weiterentwicklungen der Fang- und Siebmethode zu überzeugenden Aufzuchterfolgen führen, wird durch die hier erreichten Ergebnisse am Beispiel der Aalrutte verdeutlicht. Die erreichte Überlebensrate bis zum Setzling von 4-5 cm Länge betrug jedenfalls rund 80 %.
Durch den Einsatz dieser neuen und einfachen Planktonsiebnetze und der Verfütterung von Naturplankton wurde die Grundlage für eine effektive Aufzucht von empfindlichen Fischlarven geschaffen, die sich auf viele Fischarten, nicht nur im Süßwasser, sondern auch im Meerwasser, übertragen und anwenden lässt.

Produktionsergebnisse von Aalrutten (*L. lota*)
mit lebendem Zooplankton am Wallersee:
(Nach: Steiner et al., unveröffentlicht)

Aufzuchtjahr	1996	1997	1998	1999
Besatzdatum*	02.04.	28.03.	02.04.+	06.04.
Besatzgröße	4-5 mm	4-5 mm	4-5 mm	4-5 mm
Besatzmenge	300.000 St.	260.000 St.	180.000 St.	144.000 St.
Beckenanzahl	4-10	5-6	3-2	3-5
Abfischdatum	10.06.-20.06.	20.06.-27.06.	17.06.-21.06.	17.06-30.06.
Abfischgröße	0,30-0,49 g	0,40-0,51 g	0,34-0,53 g	0,47-0,59 g
Abfischmenge	179.000 St.	221.000 St.	25.000 St.	130.000 St.

* Herkunft: Lehr- und Beispielsbetrieb Niederbayern.
\+ Krankheitsprobleme nach 2 Wochen: Gewebeauflösung im Bereich der Schwanzflosse.

Wachstumsverlauf von Aalrutten (*L. lota*)
während einiger Aufzuchtjahre am Wallersee:
(Nach: Steiner et al., unveröffentlicht)

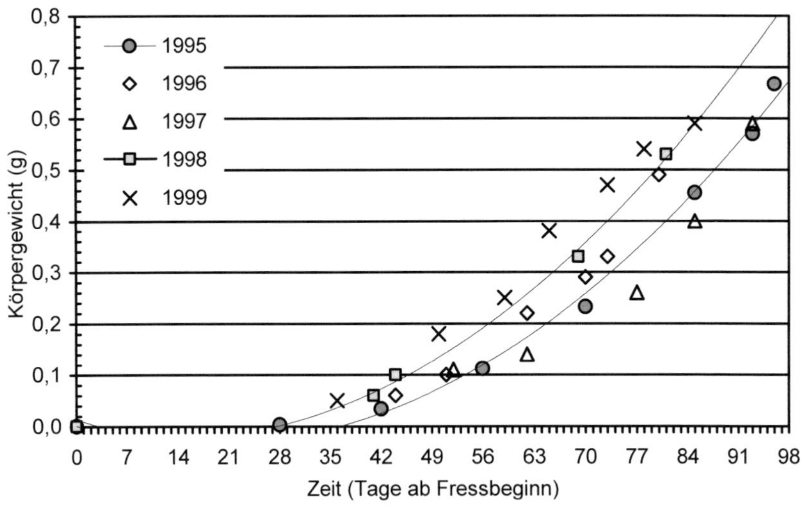

Ein Teil der Aalrutten aus der Produktion 1994-1995 wurde anschließend in Naturteichen weitergezogen, der Großteil wurde jedoch als Besatz für natürliche Gewässer verwendet. Neben dem Traunsee (von wo die Laichfische aus 1994 stammten), wurden in den folgenden Jahren auch der Achen-, Atter-, Gosau- und Wallersee, sowie einige Speicher bzw. Staue (Gerlos, Ranna) und Fließgewässer (Donau- und Rheinsystem) neu bzw. wieder besetzt.

Der Besatz mit vorgestreckten Aalrutten zur Wiedereinbürgerung dieser oftmals verschollenen Art in geeigneten Gewässern erwies sich als außerordentlich erfolgreich. Dies bestätigen auch die folgenden beiden Rückmeldungen:

1.) Lieferinger Mühlbach:
Mühlbach, abschnittsweise naturbelassen, Salmonidengewässer;
Breite: 4-5 m, Wasserführung: ca. 1 m^3/s; Länge: ca. 7 km.
Besatz: 22.06.1995, ca. 1.600 Stück Aalrutten mit 4-5 cm und 0,6-0,7 g (neben ein- und mehrjährigen Bach- und Regenbogenforellen).
Abfischung: 21.10.1995 (4 Monate später), 320 St. = 20 % vom Besatz (geschätzter Fangerfolg: ca. 60 %) mit einer mittleren Länge von ca. 16 cm (max. 19 cm) und einem mittleren Gewicht von ca. 30 g (max. 50 g).

2.) Fischerwirtsbach:
Wiesenbach, naturbelassen, Salmonidengewässer;
Breite: ca. 1 m, Wasserführung: ca. 80 l/s, Länge. ca. 400 m.
Besatz: 22.06.1995: ca. 100 Stück Aalrutten mit 4-5 cm und 0,6-0,7 g (neben 0+ Regenbogenforellen).
Abfischung: 19.11.1995 (5 Monate später), 46 St. = 46 % vom Besatz (geschätzter Fangerfolg: ca. 80 %) mit einer Länge von 17-20 cm und einem Gewicht von 30-50 g.

Die durchgeführten Besatzexperimente weisen eindeutig darauf hin, dass auch beim Besatz mit kleinen Fischgrößen (4,5 cm Länge) mit sehr hohen Überlebensraten (jedenfalls über 50 %) gerechnet werden kann und dadurch der Besatz äußerst wirtschaftlich ist.
Vor allem die Zuwachsergebnisse dieser Besatzexperimente können sich sehen lassen. Durchschnittlich wuchsen die Aalrutten nach dem Aussetzen in natürliche Gewässer mit einer Besatzgröße von 4-5 cm innerhalb von 4-5 Monaten (über den Sommer) bis etwa 16-17 cm ab, gleichzeitig haben sie ihr Gewicht verfünfzigfacht. Damit sind die Überlebensraten mit jenen von Forellen in Aufzuchtbächen vergleichbar, der Zuwachs liegt bei den Aalrutten jedoch noch wesentlich darüber.
Diese Ergebnisse und Vergleiche bestätigen eine hervorragende Nahrungsausnutzung durch die Aalrutte, wobei der äußerst gute Zuwachs im Falle dieser Besatzexperimente mit Sicherheit nicht auf den Raub von Fischeiern zurückgeführt werden kann.
Aalrutten sollten nicht in erster Linie als „Laichräuber“ betrachtet werden. Vielmehr ist davon auszugehen, dass die Aalrutte als heimische Fischart eine wichtige natürliche Funktion zur Regulierung und Förderung anderer Fischarten (durch das große Reproduktionspotential und das damit verbundene winterliche Nahrungsangebot in Form beachtlicher Mengen an Larven) ausübt.

Bei der traditionellen Produktion von Besatzfischen werden oft Teiche verwendet. Aus diesem Grund wurde auch ein Aufzuchtversuch in einem Naturteich (Teichwirtschaft in Heidenreichstein/Niederösterreich) durchgeführt, um die Eignung solcher Teiche und das Wachstum unter diesen Bedingungen zu testen. Dazu wurde ein Karpfenteich (Fläche ca. 4 ha) am 28.05.1997 neben fressfähigen Karpfen (*Cyprinus carpio*), mit 20.000 Stück vorgestreckten Aalrutten (*Lota lota*) besetzt (á 3-4 cm und 0,14 g), die aus der Aufzuchtanlage Wallersee stammten. Im Teich bestanden ein permanenter Zufluss und ein oberflächlicher Abfluss des Wassers. Zugefüttert wurde während der gesamten Aufzuchtperiode nicht und die Aalrutten mussten sich von der im Teich verfügbaren Naturnahrung ernähren. Die Abfischung am 08.04.1998 erbrachte neben rund 1.100 kg einjährigen Karpfen (á 83 g), nur 200 Stück Aalrutten, die allerdings sehr gut abgewachsen waren. Die Aalrutten hatten durchschnittlich (n = 10) eine Gesamtlänge von 17,8 (15,2-21,0) cm, ein Körpergewicht von 31 (19-51) g, und einen Korpulenzfaktor von 0,54 (0,50-0,63).

Die geringe Abfischrate kann mehrere Ursachen haben, die im Rahmen dieses Versuches leider nicht genau geklärt werden konnten. Es kommen dafür sowohl das Entkommen aus dem Teich als auch erhöhte Mortalität aufgrund der hohen Temperaturen bzw. der schlechten Wasserqualität, aber auch Fressfeinde oder Parasiten in Frage.

Wachstumsverlauf von Aalrutten (*L. lota*)
während der Umstellung auf Trockenfutter:
(Nach: Hochleithner, unveröffentlicht)

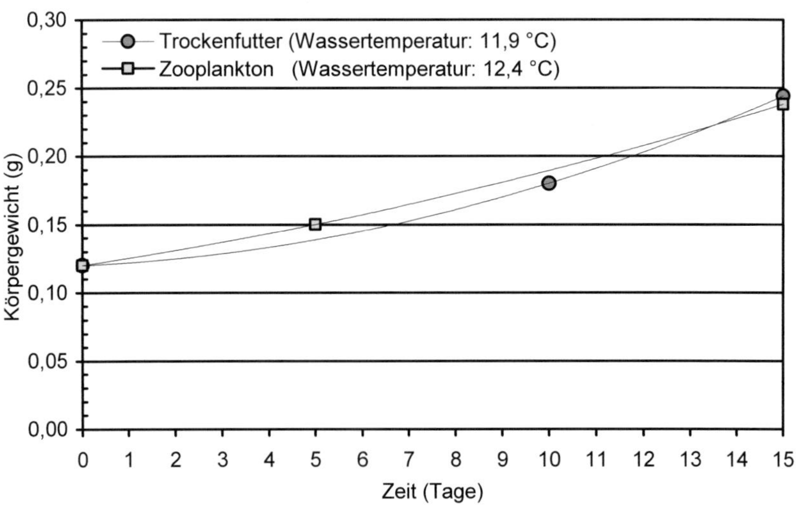

Für die wirtschaftliche Produktion von Speisefischen ist es notwendig, dass die Fische mit industriell gefertigtem Trockenfutter aufgezogen werden können. Aus diesem Grund wurde mehrfach versucht die Aalrutten auf handelsübliches Trockenfutter (Granulat) umzustellen.
Die ersten Versuche (1994), direkt in den Aufzuchtbecken am Wallersee, waren dabei nicht erfolgreich. Sowohl die Umstellung mit einer Übergangsphase als auch ohne Übergangsphase brachten keinen Erfolg. Die Größe der umzustellenden Jungfische wurde in den folgenden Jahren kontinuierlich von etwa 4,5 cm auf rund 3,0 cm reduziert, aber auch dies führte nicht zum gewünschten Ergebnis.
Im Jahr 2000 wurde die Umstellung von Aalrutten (*Lota lota*) in kleineren Haltungseinheiten versucht. Dazu wurden zwei verschiedene, aus Kunststoff hergestellte Systeme mit relativ kleinen Jungfischen erprobt. Das erste System bestand aus einem Eierbrütungssilo (Durchmesser 20 cm, Höhe 100 cm, Volumen ca. 30 l), der so betrieben wurde, dass das Wasser von oben nach unten fließen musste. Das zweite System bestand aus einem Eierbrütungseinsatz (L x B x H 60 x 40 x 20 cm, Volumen ca. 30 l) der am Ende einer Brutrinne so platziert wurde, dass das Wasser von oben nach unten fließen musste. Sowohl beim Silo als auch beim Einsatz bestand das Bodensieb jeweils aus (1-2 mm) Lochblech und reichte über die gesamte Bodenfläche. Der Zulauf von Quellwasser betrug jeweils etwa 4 Liter pro Minute, mit einer Temperatur von durchschnittlich 11,9 (10,7-12,8) °C. Parallel dazu wurden in einem herkömmlichen Aufzuchtbecken auch noch weiter mit lebendem Zooplankton gefüttert, wobei die Temperatur durchschnittlich 12,4 (10,9-13,5) °C betrug.
Der Besatz erfolgte am 21.06. jeweils mit 1.000 Stück Fischen mit einem Alter von 37 Tagen, die ein Körpergewicht von 0,12 g und eine Gesamtlänge von 2,0-2,5 cm aufwiesen. Die Verabreichung des Trockenfutters (60 % Rohprotein, 10 % Rohfett, 0,4-0,6 mm Granulat) erfolgte jeweils über einen Uhrwerk-Bandautomaten der ab Tag 1 etwa 10 Stunden und ab Tag 7 etwa 20 Stunden pro Tag lief (Fütterung ad libitum). Alle 5 Tage erfolgte eine komplette Reinigung der Haltungseinrichtungen. Zur Bestimmung des Körpergewichtes wurden jeweils 100 Stück Fische gezählt und anschließend abgewogen (Nassgewicht). Die Abfischung erfolgte nach 15 Tagen, wobei die Jungfische ein Körpergewicht von rund 0,24 g aufwiesen. Die Überlebensrate betrug in beiden Systemen 80-84 %. Die Fische im Silo gewöhnten sich dabei schneller und besser an das Trockenfutter und die Verluste waren etwas geringer, als bei den Fischen im Bruteinsatz. Nach der erfolgreichen Umstellung wurden diese Aalrutten in einer anderen Fischzucht bis zum einjährigen Fisch aufgezogen (vgl. Hochleithner, 2002). Abschließend kann für eine erfolgreiche Umstellung auf Trockenfutter das Silosystem und eine Fischgröße von 0,1 g bzw. 2,0 cm empfohlen werden.

Planktonprobenetze

In den 1990er Jahren wurde zusätzlich an der Entwicklung von geeigneten Planktonprobenetzen gearbeitet. Der Grund dafür war unter anderem, dass die in der Limnologie für Zooplanktonuntersuchungen traditionellerweise eingesetzten Methoden aufgrund der geringen Probenvolumina vor allem für quantitative Abschätzungen (Biomasse) denkbar ungeeignet sind. Die punktuelle Entnahme einer Planktonprobe mit einem Volumen von wenigen bis einigen Litern mit den üblichen kleinen Geräten (Wasserschöpfer oder Pumpsystem) an einer geringen Anzahl von Probestellen führt zu keinen repräsentativen quantitativen Ergebnissen.
Dies gilt vor allem für große Seen, denn sowohl das Phytoplankton, aber insbesondere das Zooplankton ist in einem stehenden Gewässer weder vertikal noch horizontal homogen verteilt. Der Grund dafür ist die passive Verfrachtung dieser kleinen Organismen durch geringste wind- und temperaturbedingte Wasserströmungen und ihre aktive Eigenbewegung.

Wesentliche Voraussetzungen für die quantitative Entnahme und Analyse von Zooplankton aus größeren stehenden Gewässern sind:

- Ein möglichst großes Probenvolumen.
- Ein ausreichend großer Beprobungsbereich.
- Eine zeitlich kurze Probenentnahme.
- Ein wirtschaftlich vertretbarer Beprobungsaufwand.

Für fischereilich orientierte Zooplanktonuntersuchungen stellen horizontale Netzzüge mit größeren Planktonnetzen, die gleichzeitig in verschiedenen Tiefen durchgeführt werden (siehe Abb.), derzeit die einzige zielführende und effiziente Methode dar, um zuverlässige quantitative Werte zu erhalten.
Bisher konnten jedoch horizontale Netzzüge nur einzeln und nur bis zu eine Tiefe von maximal 30 m durchgeführt werden. Für größere Tiefen können nur mehr sehr dünne, hochfeste Zugleinen (Kevlar) in Kombination mit hydrodynamischen Ballastgewichten (Tiefenflügel, Downrigger) und einer entsprechenden Kontrolle der erreichten Netztiefen (Echoscanner) eingesetzt werden.
Die neu entwickelte Technik basiert auf langjährigen Erfahrungen im Planktonfang in verschiedenen österreichischen Seen aller Größen, vom kleinsten Hochgebirgssee (Rastkogelsee) bis zum größten Voralpensee (Bodensee). Im Zuge von Probeeinsätzen wurde die Technik (Netze, Ballast, Leinen) in einigen kleineren Seen (Offensee, Gosausee) in Einzelzügen getestet.

Im Zuge von Testeinsätzen im Achensee wurden alle technischen Problemstellungen (Boot, Motor, Winde, Leine, Tiefenflügel, Netz, Verschluss) gelöst und ein spezielles Fangsystem entsprechend ausgerüstet. Es bestand im Wesentlichen aus folgenden Komponenten:

1.) Arbeitsboot:	1 Aluminiumzille (L x B x H: 6,0 x 2,0 x 0,5 m) 1 Außenbordmotor (15 PS, 2- bzw. 4-Takt) 1 Scansonar und Echograph
2.) Windensystem:	1 Seilwinde (1 kW, 12 V) 1 Schleppleine (120 m) 8 Tiefenflügel (4 kg)
3.) Planktonnetze:	8 Fangnetze (Ø 0,4 m, L 1,5 m)

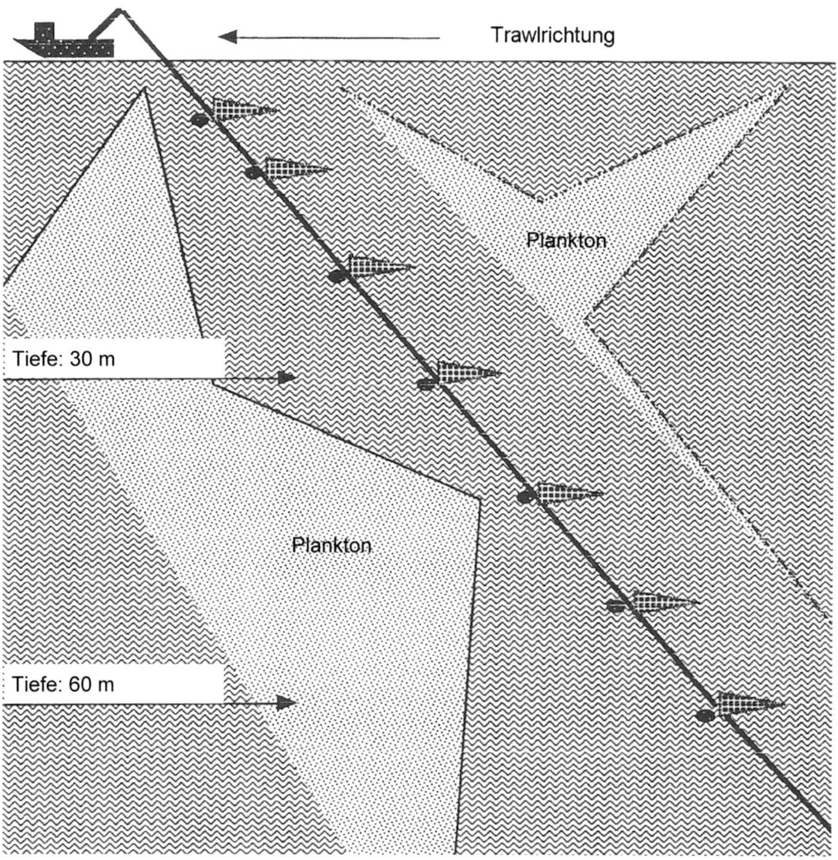

Schema des Systems für Planktonprobenetze (Beispiel)

Arbeitsboot mit Ausrüstung zum Schleppen von Planktonprobenetzen (Weissensee)

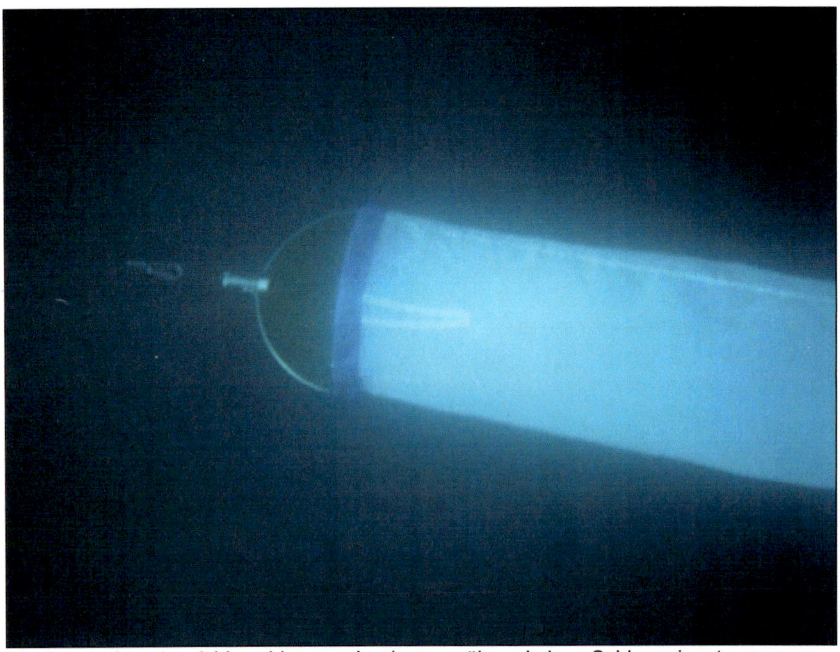
Planktonprobenetz mit Verschlussmechanismus während eines Schleppeinsatzes

Im Rahmen von Forschungsaufträgen wurde dieses Probenetzsystem (1996-2000) für den Fang von Planktonproben in mehreren großen österreichischen Seen (Attersee, Irrsee, Weissensee) eingesetzt.
Die eingesetzten Planktonnetze zeichnen sich durch eine optimale Fangeffizienz aus. Durch die spezielle Bauform (zylindrisch/konisch) dieser Netze (Netzöffnung zu Filterfläche 1:10) ergibt sich eine besonders hohe Kapazität bezüglich Schleppgeschwindigkeit (bis zu 2 km/h) und -dauer (bis zu 30 Min.), sodass ein frühzeitiges Verlegen der Netzmaschen (160-285 µm) und eine dadurch bedingte Abnahme der Siebleistung in der Regel ausgeschlossen werden kann. Beim Vorliegen einer Algenblüte sinkt die Siebleistung von Planktonnetzen rapide ab und der Netzwiederstand nimmt deutlich zu. Um derartige Störungen zu vermeiden, wurde bereits bei leichten Algenblüten die Schleppdauer verkürzt, bei stärkerem Auftreten müsste die Beprobung abgebrochen werden. Derartig ungünstige Verhältnisse traten jedoch bei keiner der Beprobungen auf. Um beim Einholen Verfälschungen der Ergebnisse zu vermeiden, wurden ab einer Tiefe von 20 m die Netze mit einem Schließmechanismus (ähnlich „Clark Bampus") versehen.
Die Schleppgeschwindigkeit wurde über Zeit-/Distanzmessungen ermittelt. Da während aller Beprobungen keine Änderung sowohl des Netzwiderstandes als auch des Anstellwinkels (ca. 45°) der Schleppleine feststellbar waren, kann davon ausgegangen werden, dass die Strömungsverhältnisse und damit der Wasserdurchsatz für alle Netze etwa gleich waren. Die Kontrolle der Tiefenlage der Planktonnetze erfolgte über ein spezielles Scan-Sonar, welches untergetauchte Objekte bis über 100 m Horizontal- und Vertikaldistanz abbildet. Um Grundberührungen zu vermeiden, wurde mittels eines zusätzlichen Echolotes während der Beprobung die Wassertiefe aufgezeichnet.
Die Auswahl der Probenbereiche erfolgte je nach Größe der Seen aufgrund ihrer natürlichen Morphologie in 1-3 mehr oder weniger deutlich abgegrenzte Seebecken (Mitte/Zentrum und Nord/Süd oder Ost/West). Die Beprobungen wurden meist entlang der Längsachse in Seemitte durchgeführt. Die genaue Position wurde mittels GPS-Koordinaten definiert. Die Länge einer Beprobungsstrecke betrug jeweils zwischen 500 und 1.000 m, das dabei gefilterte Wasservolumen jeweils etwa 50-100 m^3. Je nach Tiefe des Sees wurden bis zu 8 Beprobungstiefen bis in eine maximale Tiefe von 70 m festgelegt. Pro Jahr wurden je See bis zu 8 saisonal verteilte Probentermine gewählt, und je See ein Untersuchungszeitraum von bis zu 5 Jahren.
Die Ermittlung der Biomassen erfolgte durch Bestimmung des abgetropften Frischgewichtes unmittelbar nach dem Fang. Der relative Biomasseanteil der einzelnen Formen wurde über die Vermessung der einzelnen Gruppen und eine Längen-Gewichts-Regression aus der Häufigkeit berechnet (vgl. McCauley, 1984).

Planktonfangergebnisse im Offensee
in Abhängigkeit von Monat und Tiefe (1992):
(Nach: Steiner, unveröffentlicht)

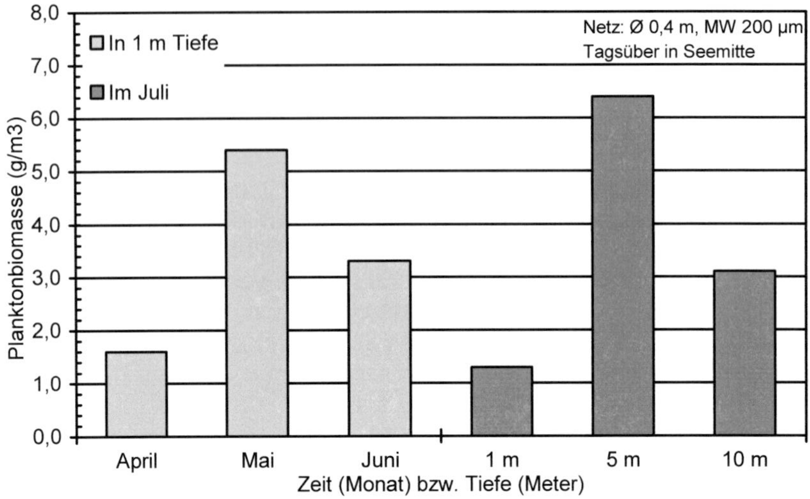

Planktonfangergebnisse im Gosausee
in Abhängigkeit von Monat und Tiefe (1992):
(Nach: Steiner, unveröffentlicht)

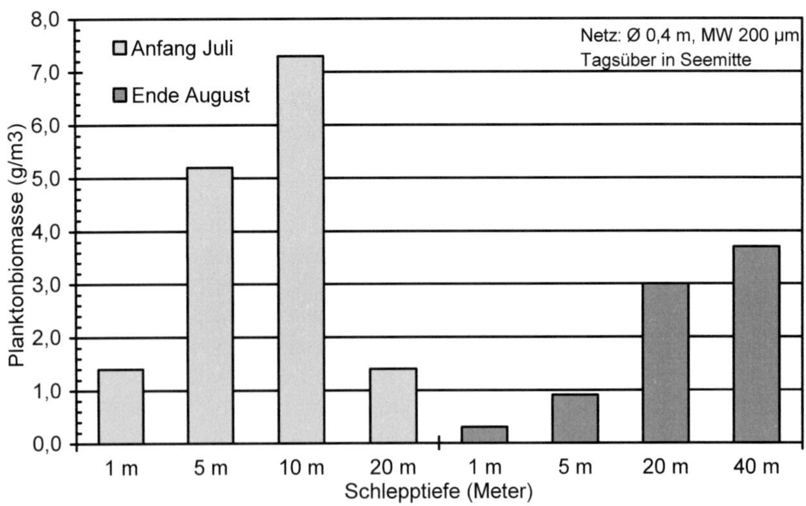

Planktonfangergebnisse im Achensee
in Abhängigkeit von der Tiefe (13.12.1996):
(Nach: Steiner, unveröffentlicht)

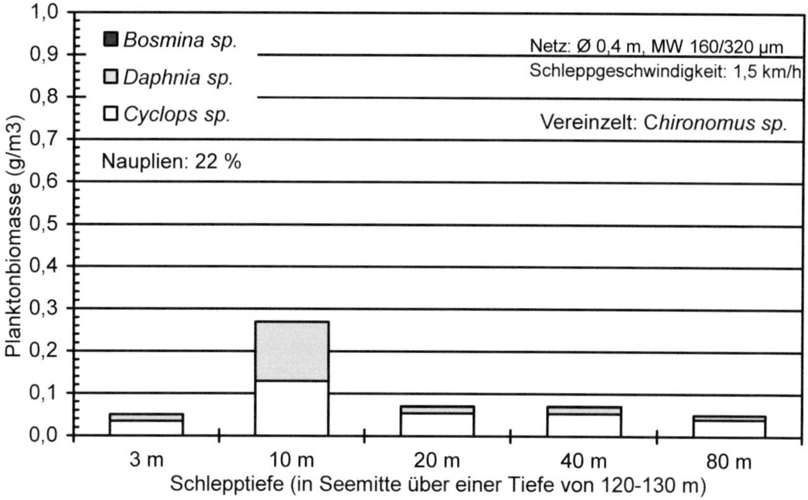

Planktonfangergebnisse im Achensee
in Abhängigkeit von der Tiefe (03.09.1997):
(Nach: Steiner, unveröffentlicht)

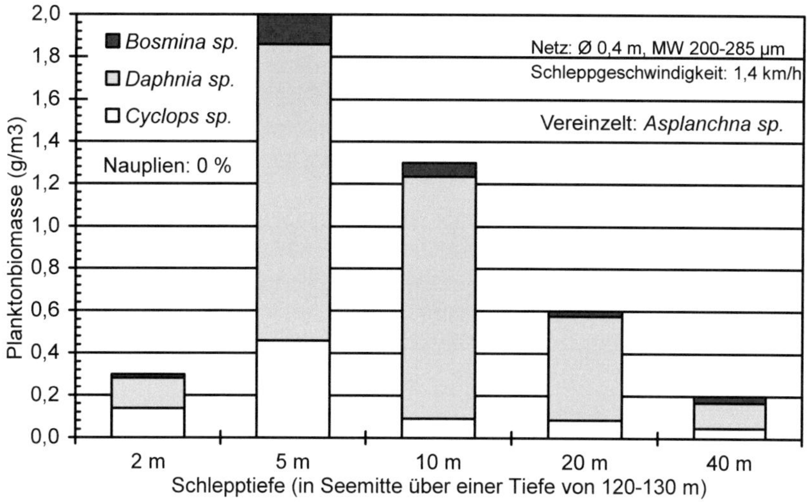

Die horizontale Verteilung des Zooplanktons (Mittelwert der Biomasse aus allen Tiefen) kann kurzfristig durch Wind oder Strömung stark beeinflusst sein. In einigen Seen (Atter- und Irrsee) zeigten sich regionale Unterschiede in der Verteilung, wobei das Nordbecken jeweils begünstigt war (im Achensee das Südbecken). Im Attersee vor allem in den Sommermonaten und im Irrsee vor allem während der Wintermonate, wobei die Unterschiede bis zu 400-450 % betrugen.
Die vertikale Verteilung des Zooplanktons (Gesamtwert der Biomasse je Tiefe) kann saisonal aufgrund von Temperatur oder Sauerstoffgehalt, aber auch durch Vertikalwanderung bedingt sein. In allen untersuchten Seen zeigten sich vertikale Unterschiede in der Verteilung. In den Wintermonaten (November-April) konzentrierte sich das Crustaceenplankton in der Regel in oberflächennahen Schichten (0-20 m), in den Sommermonaten (Juni-September) ist das Crustaceenplankton mehr oder weniger bis in größere Tiefen verteilt. Die Hauptformen (*Bosmina, Daphnia, Cyclops, Eudiaptomus*) sind dabei ganzjährig in allen Tiefen verteilt, wobei die Biomasse mit zunehmender Tiefe (ab 10-30 m) generell etwas abnimmt. Die Sommerformen (*Diaphanosoma* und *Leptodora*) kommen nur in den oberen Wasserschichten (0-20 m) vor.
Die diurnalen Unterschiede der Zooplanktons (Gesamtwert der Biomasse je Tiefe) können durch Licht und Nahrung bedingt sein. Im Weissensee zeigten sich diesbezüglich deutlich Unterschiede zwischen Tag und Nacht, die wohl auch auf andere Seen übertagbar sind.
Saisonale Unterschiede der Zooplanktonbiomassen werden primär durch Temperatur und Nahrung verursacht. In allen untersuchten Seen zeigten sich saisonale Unterschiede in der Biomasse. Im Winter ist stets ein deutlicher Rückgang der Biomassen feststellbar, wobei sich die einzelnen Seen deutlich unterscheiden können. Im Achen- und Attersee liegen die Werte während dieser Zeit weit unter 0,5 g/m^3, im Irrsee immer noch um 2,0 g/m^3. Im Frühjahr (ab Mai) ist dann wieder ein deutlicher Anstieg der Biomassen feststellbar, wobei im Sommer in vielen Seen Maximalwerte erreicht werden, die um 2,0 g/m^3 liegen, in einigen nährstoffreichen Seen (Waller-, Irrsee) auch weit über 5,0 g/m^3.
Die jährlichen Unterschiede der Zooplanktonbiomassen können durch Klima und Nährstoffe bedingt sein. In einigen Seen zeigten sich jährliche Unterschiede. Im Attersee traten die Unterschiede vor allem in den Wintermonaten auf, im Irrsee nur im April. In den darauffolgenden Monaten lagen aber in beiden Seen wieder ähnliche Verhältnisse wie im Vorjahr vor. In Bezug auf die Formenzusammensetzung des Zooplanktons ergaben sich in beiden Seen keine deutlichen Unterschiede zwischen den Untersuchungsjahren. Ein starker jährlicher Unterschied, sowohl in der Individuenzahl als auch in der Formenzusammensetzung zeigte sich dagegen im Millstättersee, der mit vergleichbaren Netzen beprobt wurde (vgl. Müller & Traar, 2011).

Planktonfangergebnisse im Irrsee
in Abhängigkeit von Seebecken und Jahrgang:
(Nach: Steiner et al., 2000)

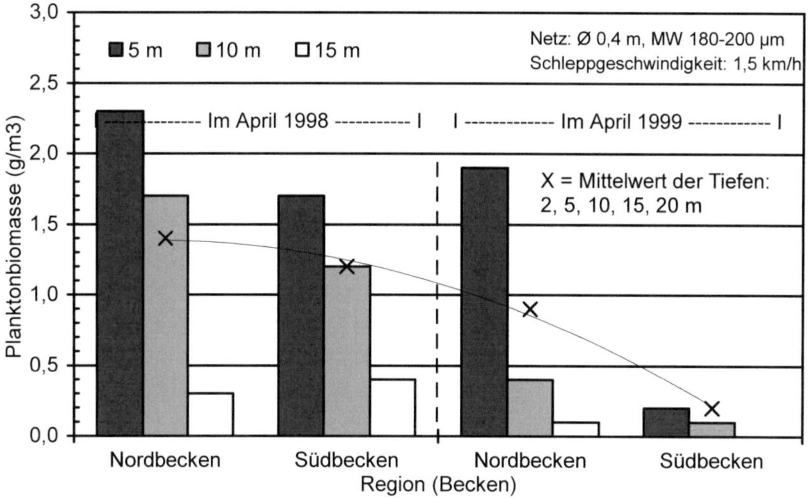

Planktonfangergebnisse im Attersee
in Abhängigkeit von Monat und Tiefe (1998):
(Nach: Steiner et al., 2000)

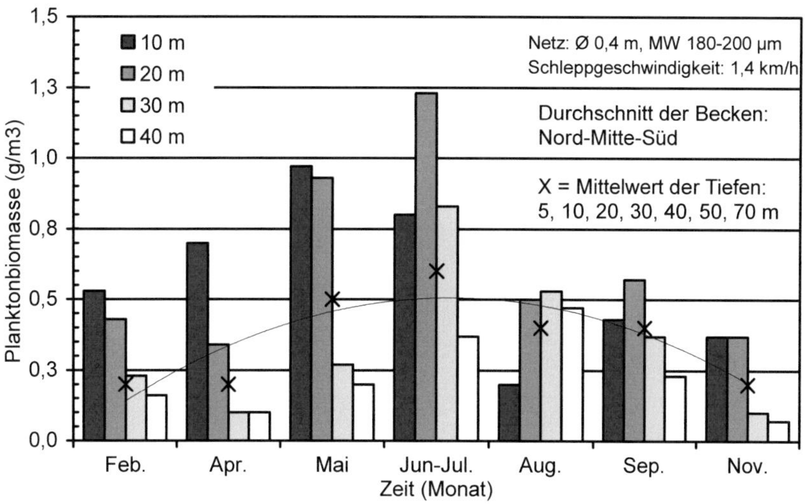

Planktonfangergebnisse im Weissensee
in Abhängigkeit von Tiefe und Jahreszeit (1997):
(Nach: Steiner et al., 1997-1999)

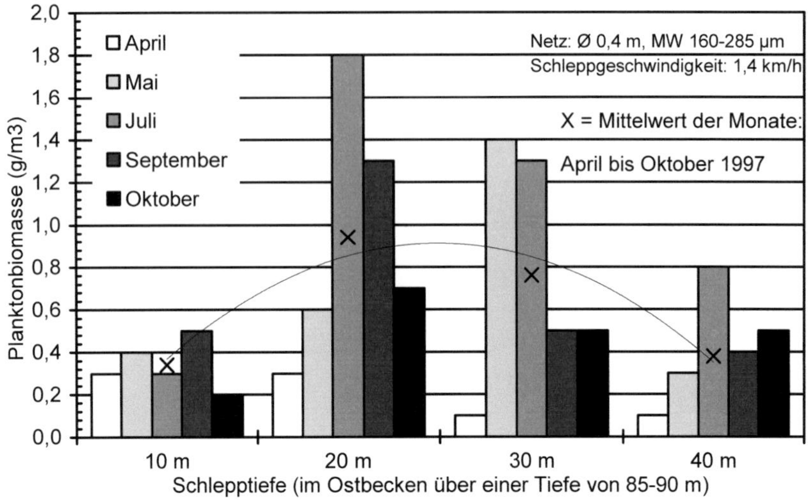

Planktonfangergebnisse im Weissensee
in Abhängigkeit von Tiefe und Tageszeit (21.06.1996):
(Nach: Steiner et al., 1997-1999)

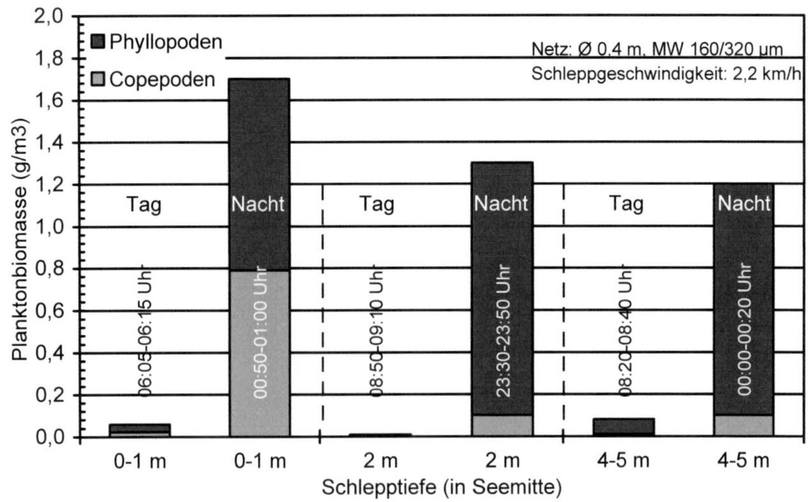

Planktonfangergebnisse im Millstättersee
in Abhängigkeit von Ort und Tiefe (06.04.2011):
(Nach: Müller & Traar, 2011)

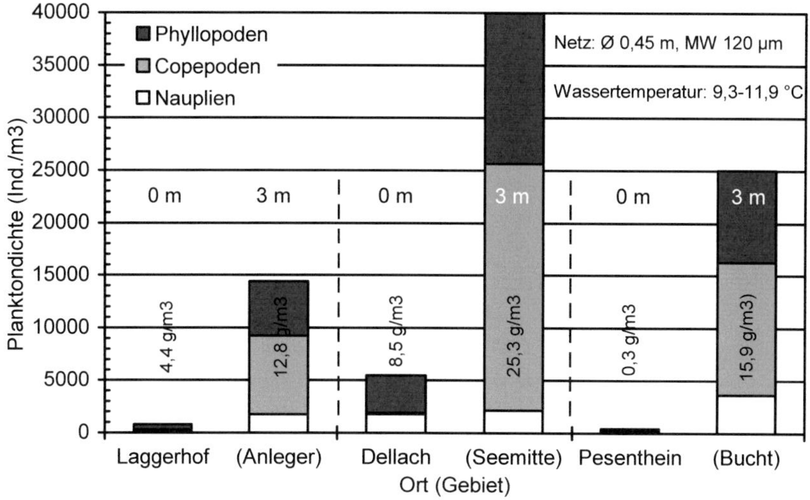

Planktonfangergebnisse im Millstättersee
in Abhängigkeit von Datum und Jahrgang (Dellach - Seemitte):
(Nach: Müller & Traar, 2011)

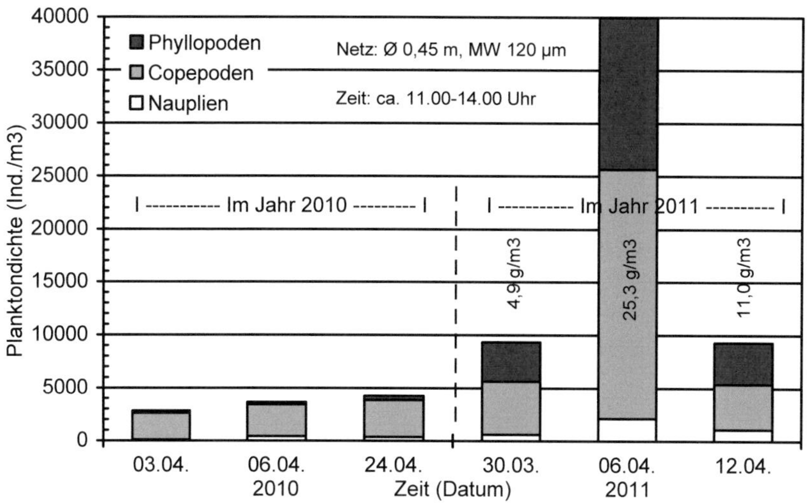

Taxonomische Unterschiede der Zusammensetzung des Zooplanktons (Mittelwert der Anteile aus allen Tiefen) zeigten sich in einigen Seen. Während die Zooplanktonzusammensetzung im Attersee ganzjährig zu 70-90 % von Copepoden (50-60 % *Cyclops*, 15-35 % *Eudiaptomus*) dominiert ist, halten sich im Irrsee Phyllopoden und Copepoden zu je 45-55 % in etwa die Waage. Im relativ artenreichen Weissensee ist sie im Frühsommer (Mai-August) zu 55-85 % von Phyllopoden (5-50 % *Daphnia*, 5-55 % *Bosmina*, 0-25 % *Diaphanosoma*) und im restlichen Jahr zu 55-85 % von Copepoden (10-60 % *Eudiaptomus*, 5-65 % *Cyclops*) dominiert, und im relativ artenarmen Achensee im Sommerhalbjahr (Juni-November) zu 70-90 % von Phyllopoden (20-80 % *Daphnia*, 0-50 % *Bosmina*) und im Winterhalbjahr (Dezember-Mai) zu 70-100 % von Copepoden (*Cyclops*).

Die für Fische bedeutendsten Formen des Zooplanktons von Seen gehören zum Stamm der Gliederfüßer (Arthropoda). Die Klasse der Krebstiere (Crustacea), hier vor allem die Ordnung der Blattfußkrebse (Phyllopoda) und Ruderfußkrebse (Copepoda) machen einen Großteil der Biomasse aus. Die Klasse der Spinnentiere (Arachnida), hier die Ordnung der Milben (Acarina) ist nur gelegentlich vertreten. Süßwassermilben (*Hydrachna* spp.) 1,0-2,0 mm lang, treten meist im Frühjahr und Sommer und nur in Ufernähe vereinzelt auf. Die Klasse der Insekten (Insecta), hier vor allem die Ordnung der Zweiflügler (Diptera) ist nur saisonal vertreten. Büschel- und Zuckmücken (*Chaoborus* spp., *Chironomus* spp.) 10-20 mm lang, treten überwiegend im Frühjahr (März-Juni) als Larven bzw. Puppen vereinzelt in den Fängen auf.

Neben den Gliederfüßern kommt im Zooplankton unserer Seen noch der Stamm der Schlauchwürmer (Nemathelminthes) vor. Die Klasse der Rädertiere (Rotatoria), hier vor allem die Ordnung Monogononta tritt regelmäßig auf. Rädertiere (*Asplanchna* spp., *Brachionus* spp., *Conochilus* spp., *Kellicottia* spp., *Keratella* spp.) 0,1-0,4 mm lang, sind vor allem im Frühjahr und im Herbst (Mai-Oktober) häufig.

In kleineren stehenden Gewässern (Teiche und Weiher) kann im Zooplankton auch der Stamm der Urtiere (Protozoa) erhöhte Dichten erreichen. Die Klasse der Wimpertiere (Ciliata), hier vor allem die Ordnungen Holotricha und Spirotricha treten in Seen aber nicht auf. Holotriche und Spirotriche Wimpertiere (*Coleps* spp., *Strombidium* spp., *Strobilidium* spp., *Tintinnidium* spp.,*Tintinnopsis* spp.) 0,1-0,3 mm lang, treten oft in Teichen im Frühjahr und Herbst auf (vgl. Schlott-Idl, 1990).

Neben dem Zooplankton treten in Seen auch zum Teil sehr hohen Dichten an planktischen Algen, Bakterien und Pilzen auf. Dabei sind die die Stämme der Dinoflagellaten (*Ceratium* spp.), Blaualgen (*Microcystis* spp., *Oscillatoria* spp.), Grünalgen (*Botryococcus* spp., *Gloeocystis* spp.), und Gelbalgen (*Dinobryon* spp.) von Relevanz. Meist treten diese Algen im Sommer (Juni-Oktober) massenhaft auf (Algenblüten).

Wesentliche Taxa des Crustaceenplanktons österreichischer Seen:

(Nach: Steiner et al., 1997-1999 + 2000)

Phyllopoda (Blattfußkrebse)
Bosminidae: *Bosmina* spp. 0,3-0,8 mm lang, vor allem *B. coregoni* (See-Rüsselkrebs) tritt häufig im Frühjahr (Mai-Juni) und in hohen Dichten (bis 90 % bzw. 0,84 g/m^3) auf.
Chydoridae: *Alona* spp. 0,5-0,7 mm lang, vor allem *A. quadrangularis* (Gelbes Rippenkrebschen) tritt selten im Sommer (Juni-Juli) aber nicht in allen Seen und nur vereinzelt auf. *Alonella* spp. 0,2-0,3 mm lang, vor allem *A. nana* (Gestreiftes Zwergkrebschen) tritt selten im Sommer (Juni-Juli) aber nicht in allen Seen und nur vereinzelt auf.
Daphniidae: *Ceriodaphnia* spp. 0,6-0,9 mm lang, vor allem *C. quadrangula* (Waben-Wasserfloh) tritt selten im Sommer (Juni-Oktober) und in geringen Dichten (bis 11 % bzw. 0,07 g/m^3) auf. *Daphnia* spp. 0,6-2,2 mm lang, vor allem *D. hyalina* (Glas-Wasserfloh) tritt sehr häufig im Frühjahr und Sommer (Mai-September) und in sehr hohen Dichten (bis 90 % bzw. 2,96 g/m^3) auf. *Scapholeberis* spp. 0,7-0,8 mm lang, vor allem *S. mucronata* (Kahnfahrer) tritt selten im Sommer (Juni-September) aber nicht in allen Seen und nur vereinzelt auf.
Sididae: *Diaphanosoma* spp. 0,5-0,8 mm lang, vor allem *D. brachyurum* (Spring-Wasserfloh) tritt regelmäßig im Sommer und Herbst (August-Oktober) und in hohen Dichten (bis 54 % bzw. 0,49 g/m^3) auf. *Sida* spp. 0,6-0,7 mm lang, vor allem *S. crystallina* (Kristall-Wasserfloh) tritt selten im Sommer aber nicht in allen Seen und nur vereinzelt auf.
Polyphemidae: *Bythotrephes* spp. 2,0-3,0 mm lang, vor allem *B. longimanus* (Langschwanzkrebschen) tritt selten im Sommer (Juli) aber nicht in allen Seen und nur vereinzelt auf. *Polyphemus* spp. 1,0-1,2 mm lang, vor allem *P. pediculus* (Raubwasserfloh) tritt selten im Frühjahr (Mai-Juli) aber nicht in allen Seen und nur vereinzelt auf.
Leptodoridae: *Leptodora* spp. 3-10 mm lang, vor allem *L. kindtii* (Glaskrebs) tritt regelmäßig im Sommer (Juni-September) und in geringen Dichten (bis 5 % bzw. 0,03 g/m^3) auf.
Copepoda (Ruderfußkrebse)
Cyclopidae: *Cyclops* spp. 0,5-1,4 mm lang, vor allem *C. abyssorum* (Abgründiger Hüpferling) tritt ganzjährig und je nach See und Saison in mäßigen Dichten (bis 90 % bzw. 0,50 g/m^3) auf. *Thermocyclops* spp. 0,8-1,2 mm lang, vor allem *T. hyalinus* (Durchsichtiger Hüpferling) tritt gelegentlich im Frühjahr aber nicht in allen Seen auf. *Macrocyclops* spp. 0,8-1,2 mm lang, vor allem *M. albidus* (Weißer Riesenhüpferling) tritt selten im Frühjahr aber nicht in allen Seen auf.
Diaptomidae: *Eudiaptomus* spp. 0,7-1,6 mm lang, vor allem *E. gracilis* (Farbloser Schwebekrebs) tritt ganzjährig und je nach See und Saison in hohen Dichten (bis 87 % bzw. 3,12 g/m^3) auf. *Heterocope* spp. 0,8-1,2 mm lang, vor allem *H. saliens* (Plankton-Schwebekrebs) tritt gelegentlich im Frühjahr aber nicht in allen Seen auf.
Ostracoda (Muschelkrebse)
Cypridae: *Cypricercus* spp. 0,5-0,9 mm lang, vor allem *C. affinis* (Frühlings-Muschelkrebs) tritt manchmal im Frühjahr aber nicht in allen Seen und nur gelegentlich auf.

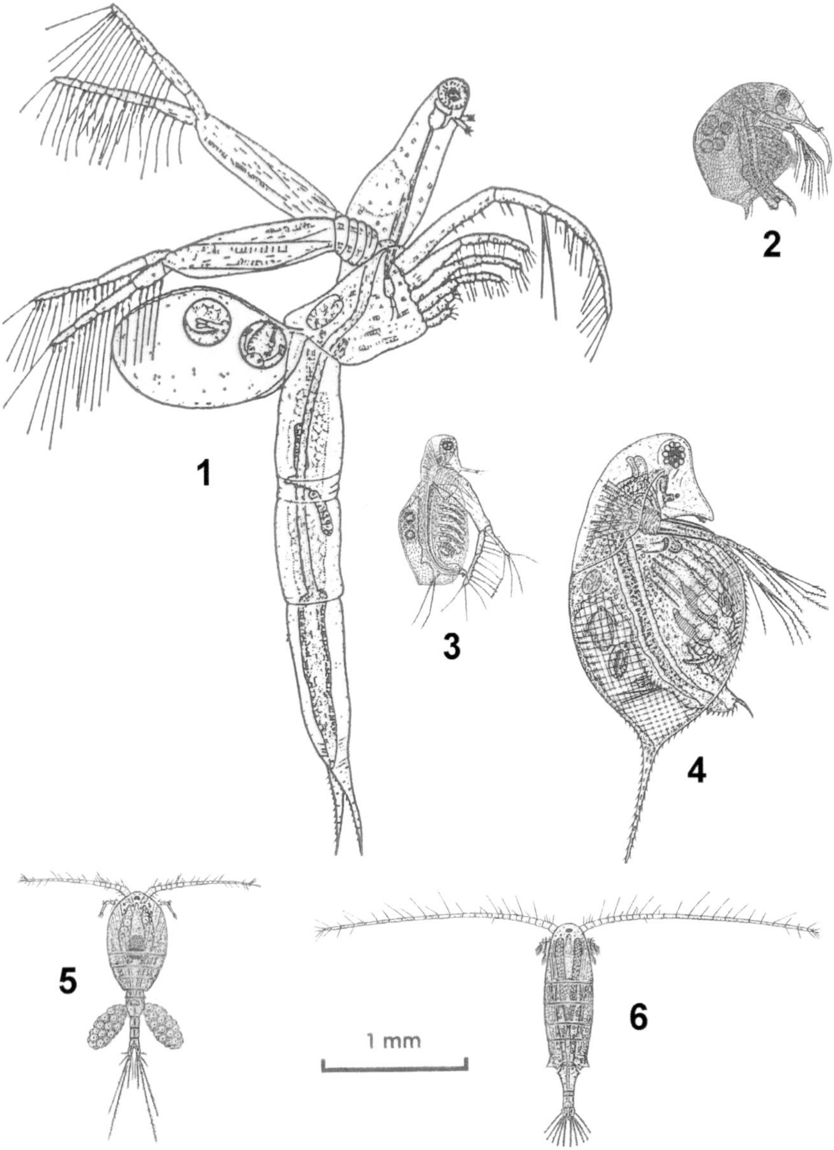

Wesentliche Formen des Crustaceenplanktons österreichischer Seen im Größenvergleich: Phyllopoden: 1 - *Leptodora* sp., 2 - *Bosmina* sp., 3 - *Diaphanosoma* sp., 4 - *Daphnia* sp.; Copepoden: 5 - *Cyclops sp.*, 6 - *Eudiaptomus* sp.; (Nach: Streble & Krauter, 1988).

Zooplanktonzusammensetzung im Weissensee
in Abhängigkeit von der Saison (Ostbecken):
(Nach: Steiner et al., 1997-1999)

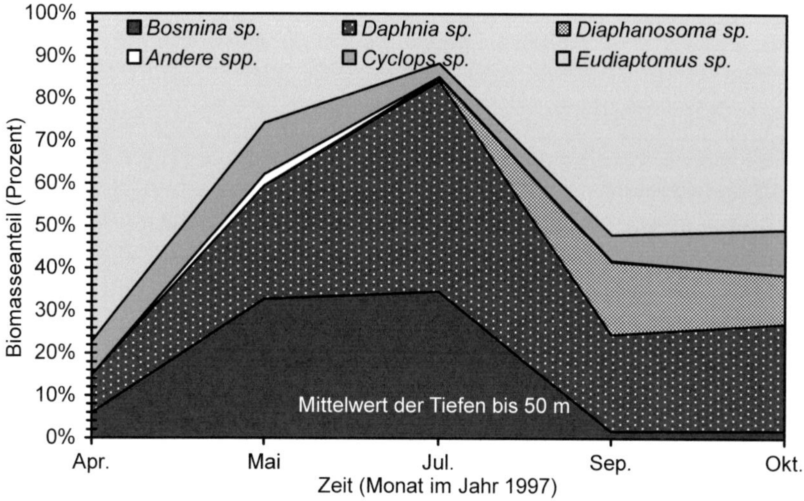

Zooplanktonzusammensetzung im Weissensee
in Abhängigkeit von der Tiefe (Ostbecken):
(Nach: Steiner et al., 1997-1999)

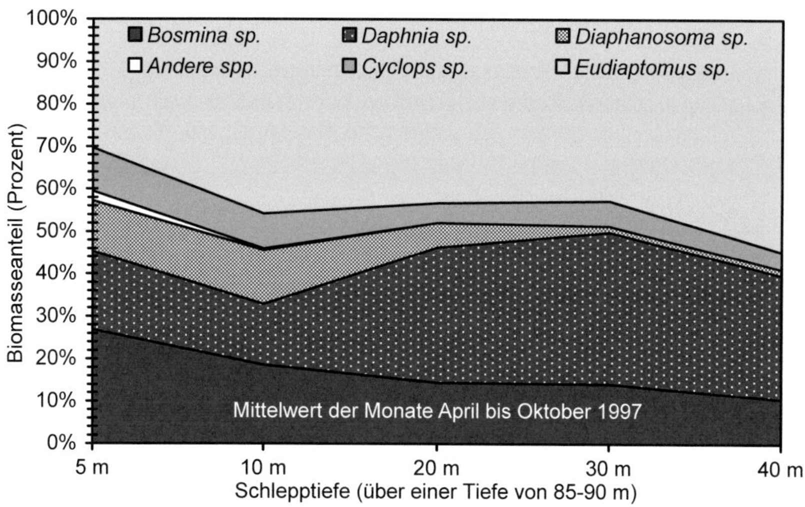

Das Crustaceenplankton wies die höchste Artenvielfalt im Weissensee auf, gefolgt von Atter- und Irrsee, und die geringste im Achensee. In dem meisten Alpenseen kommen 3-6 Formen vor, die den größten Teil (85-100 %) der nutzbaren Biomasse ausmachen, sowie 1-6 Formen, die nur selten, saisonal oder vereinzelt auftreten.
Das Rotatorienplankton (*Asplanchna, Brachionus, Conochilus, Kellicottia*) kann in allen Tiefen vorkommen, wobei es sich im Sommer (Juni-August) oft nur in den oberen Wasserschichten (0-20 m) aufhält. Einzelne Formen (*Asplanchna, Brachionus*) können saisonal (Mai oder September) in bestimmten Tiefen (0-5 m) einen Biomasseanteil von bis zu 15 % erreichen.
Die Unterschiede in den Größen der einzelnen Organismen zwischen den Seen sind gering, können aber bis zu 10 % betragen. Die Mindestgröße des Planktons ist durch die Maschenweite der Fangnetze bedingt. Im Großen und Ganzen wurden mit den eingesetzten Netzen nur die Größenklassen über 0,5 mm gut erfasst. Die darunter liegenden Größen des Zooplanktons sind für die quantitative Entnahme von keiner besonderen Bedeutung, da sie nur einen Bruchteil der Biomasse ausmachen und von den wichtigsten heimischen Fischarten auch nur während der ersten Tage aufgenommen werden. Mikroskopisch kleine Organismen wurden daher nicht bzw. nur bei größeren Ansammlungen festgestellt. Der Einsatz kleinerer Maschenweiten (bis 50 µm) ist jedoch bei einer Mehrschichtsiebung möglich (siehe Planktonsiebnetze).
Durch die neu entwickelte Methode zur schnellen und zuverlässigen quantitativen Erfassung von Zooplankton in größeren Seen, ergeben sich nicht nur erhebliche Zeit- und Kostenersparnisse gegenüber traditionellen Methoden, sondern auch eine wesentlich erhöhte Zuverlässigkeit für die Probenentnahme und damit auch für deren Beurteilung. Die hier dargestellten Daten stellen allerdings nur einen Auszug aus den umfangreicheren unveröffentlichten Untersuchungsberichten dar und sollen im Wesentlichen nur grundsätzliche oder außergewöhnliche Werte aufzeigen, die auch für andere Seen von Bedeutung sein könnten.
Die in diesen Untersuchungen gewonnenen Daten wurden für eine möglichst realistische, quantitative Abschätzung der Nahrungskomponente Crustaceenplankton in verschiedenen Seeabschnitten und Tiefenschichten über den Jahresverlauf verwendet und aus den Ergebnissen bezüglich der Nahrungssituation konkrete Empfehlungen für die gezielte fischereiliche Bewirtschaftung, vor allem im Bereich des Besatzes, und hier vor allem für die wirtschaftliche Hauptfischart – Renke/Maräne (*Coregonus lavaretus*) – erarbeitet. Die Erkenntnisse konnten aber auch für die Aufzucht von Jungfischen mit Zooplankton an bzw. in den betreffenden Seen genutzt und angewendet werden.

Nachwort

Dr. phil. Volker Steiner (†)

Dr. Volker „Guggi“ Steiner ist nach kurzer schwerer Krankheit am 21.11.2015 im 72. Lebensjahr für uns alle ganz überraschend verstorben. Es war keine Zeit mehr, sich angemessen zu verabschieden, denn er hat auch niemanden im engeren und weiteren Bekannten- und Freundeskreis von der Schwere seiner Krankheit informiert, sodass es wohl sein Wille war, uns so vor die vollendete Tatsache zu stellen – wie es ihm auch, seit wir ihn kennen, immer wieder gelungen ist, uns zu überraschen. Steiner war ein Querdenker voller Ideen, ein analytischer Geist gepaart mit Phantasie und voller Tatendrang. Seine Liebe galt den Fischen, dem Meer und den Schiffen.

Geboren am 30.10.1944 in Hall in Tirol, aufgewachsen mit seinem Bruder in der Fassergasse; die alleinerziehende Mutter arbeitete bei der Firma Swarovski in Wattens. Die ersten Mittelschuljahre verbrachte Guggi im Internat in Lienz (Osttirol). Unter dem strengen Regime der Patres dort wurde der Freigeist aber nicht froh. Die Mutter hatte Erbarmen und ließ ihn heimholen und so absolvierte er 1964 die Matura in Innsbruck. In weiterer Folge studierte er Zoologie und Botanik an der Universität Innsbruck. Mit Freunden und Studienkollegen fuhr er häufig ans Meer – zunächst ins Murtermeer und auf die Kornaten – zu jeder Jahreszeit am und unter Wasser tauchend. Der Kontakt mit den Fischern und Tauchern vor Ort eröffnete ihm in Kombination mit seinem Studium einen besonderen Zugang und tiefen Einblick in die Lebewelt unter Wasser. Die eingesetzten Boote wurden dabei immer größer – lebensgefährliche Abenteuer in Nussschalen bei Bora führten über Fischerboote mit altersschwachen Motoren schließlich zu ansehnlichen, großen Schiffen. Die Reisen wurden auch immer weiter und führten ihn in den 1970er und 1980er Jahren mehrfach ans Rote Meer in Ägypten – die reiche Unterwasserwelt entlang der Saumriffe im Kontrast zur Wüste und die Lebensart der Araber beeindruckten ihn tief.

Als Doktorand am Institut für Zoologie der Universität Innsbruck am alten Standort in der Peter-Mayr-Straße fand er Gleichgesinnte. Im dortigen Goldfischteich wurden wichtige Ausrüstungsgegenstände, wie z.B. neue Harpunen getestet – oft nicht ohne Folgen: denn in diesem Fall war der Teich aufgrund der Einschüsse am nächsten Tag leer.
Sein erster beruflicher Schwerpunkt war der Seesaibling (*Salvelinus alpinus*). Als einer der ersten Dissertanten des bekannten Limnologen Prof. Roland Pechlaner untersuchte er die Temperaturtoleranz des Seesaiblings. Mit dieser Arbeit, die ihn auf Hochgebirgsseen, zum Grundlsee und nach Scharfling führte, promovierte er erfolgreich (Steiner, 1972). In den folgenden Jahren beschäftigte er sich intensiv mit der Ökologie und Aufzucht von Seesaiblingen – und wurde zum „Seesaiblings-Fanatiker". Das „Institut für Fischforschung" wurde als Außeninstitut der Universität Innsbruck 1975 gegründet und die Fischzucht Thaur gepachtet. In dieser großen, naturnahen Forellenteichanlage war es möglich, angewandt in der Fischzucht-forschung zu arbeiten. Groß angelegte Markierungsexperimente und Wachstumsuntersuchungen in verschiedenen Seen wurden durchgeführt (Steiner & Pechlaner, 1975), Nahrungsaufnahme und Nahrungsverwertung bei postembryonalen Stadien des Seesaiblings wurden intensiv untersucht sowie die Entwicklung des Seesaiblings in der künstlichen Aufzucht (Gruber & Steiner, 1979).
Daraus ergaben sich zwei wesentliche Folgeprojekte: einerseits die morphometrische und fischökologische Untersuchung der Tiroler Hochgebirgsseen von 1980-1985. Der dazugehörige Ergebnisbericht wurde unlängst neu aufgelegt (Steiner & Stampfer, 2012). Im Zusammenhang mit den Aufzuchtversuchen rückte andererseits mangels geeigneter industrieller Futtermittel zu dieser Zeit das Zooplankton als Larvenfutter ins Zentrum des Interesses. Vormals „schwierige" Salmonidenarten, allen voran der Seesaibling, konnten mit gefrostetem Zooplankton aus natürlichen Seen sehr erfolgreich aufgezogen werden (Steiner, 1984). Im Rahmen des Planktonprojektes wurde die Gewinnung, Konservierung und Anwendung von Zooplankton in der Aquakultur getestet, Geräte und Methoden als Prototypen bis zur Serienreife entwickelt. Für die Verhältnisse in der Binnenfischerei „riesige" Planktonnetze mit einem Durchmesser von bis zu 6 m wurden gebaut und in verschiedenen Seen eingesetzt, große Mengen an Crustaceenplankton mit unterschiedlichen Methoden konserviert. Außerdem wurde von ihm ein Automat zur Verfütterung von gefrostetem Zooplankton entwickelt, der sogar zum Patent angemeldet wurde (Steiner, 1987).
Volker Steiner arbeitete angewandt und betrieb keine Grundlagen-forschung. So wurde aus dem Institut für Fischforschung eine private Firma, ein technisches Büro unter seiner Leitung.

In dieser Phase ab Mitte der 1980er Jahre ergab sich zunächst die Möglichkeit, die Erfahrungen mit dem Zooplankton aus dem Süßwasser in der marinen Aquakultur anzuwenden; zunächst in der Lagune von Venedig und schließlich in Singapur und West-Malaysia (Steiner et al., 1990). Dort wurden auch Lichtfallen zur Gewinnung von Zooplankton in verschiedenen Größenfraktionen aus der Natur eingesetzt. Parallel dazu wurden beleuchtete Unterwassergehege als modulare, autonome Systeme für die Aufzucht von Fischlarven in Seen und Lagunen gebaut (Steiner, 1992). Aufgezogen wurden damit viele verschiedene Arten, von Flossenfischen, wie Wolfsbarsche, Goldbrassen, Zackenbarsche, über Kopffüßer (Tintenfische) bis hin zu Geißelgarnelen. Das Naturfutter war den im Labor gezogenen lebenden Futterorganismen, wie Algen, Rotatorien und Artemien, in Bezug auf die Akzeptanz und den Nährwert weitaus überlegen und zudem wesentlich kostengünstiger. Die noch vergleichsweise geringen Mengen der kleinsten Fraktionen, bestehend aus Copepoden-Nauplien, und die saisonale Verfügbarkeit bedeuteten zunächst Einschränkungen bei der breiteren Anwendung. Volker ließ sich von solchen Hindernissen nicht aufhalten – gemeinsam mit Firmen entwickelte er mehrlagige Planktonnetze, die die Organismen während des Fanges schonend in verschiedene Größenklassen sortierten. Mit dieser Ausrüstung wurden erstmals sehr erfolgreich auch Arten mit sehr kleinen Fischlarven, wie z.B. die Aalrutte (*Lota lota*) in der intensiven Haltung angefüttert und aufgezogen (Steiner et al., 1996).

Volker baute die Netze meist gleich im Maßstab 1:1 und wendete sie sofort in der Aquakultur an. Die Anwendbarkeit und Umsetzung seiner Entwicklungen in der Praxis war ihm sehr wichtig – und aus betriebswirtschaftlichen Gründen auch ganz einfach notwendig. Dafür hatte er seit 1993 die Fischaufzuchtanlage Wallersee des Bundesamtes für Wasserwirtschaft in Pacht, und mit einigen Mitarbeitern betrieben. In diesem Saisonbetrieb wurden über 20 Jahre große Mengen an Setzlingen ausschließlich auf der Basis von Naturplankton aus dem See angefüttert, vorgestreckt und verkauft. Die Palette der Arten reichte von Aalrutten, Atlantischen Lachsen, Äschen, Hechten, Huchen, Nasen, Renken, Seeforellen und Seesaiblingen etc. bis hin zu Zandern.

Volker Steiner war kein Theoretiker und auch kein typischer Wissenschaftler. Er legte keinen Wert auf akademische Grade oder Titel, stellte sich nie in den Vordergrund und kehrte auch nur selten den „Chef“ heraus, sondern war stets Kollege und Freund. Eher bescheiden, wie er selbst, ist daher auch die Liste seiner, meist populärwissenschaftlichen, Publikationen. Er pflegte dafür aber stets intensiven Kontakt mit Praktikern und war bei Fischzüchtern als Fachmann mit Bezug zur Praxis weit über die Grenzen hinaus bekannt und geschätzt. Volker war auch allgemein beeideter und gerichtlich zertifizierter Sachverständiger für Fischerei und Aquakultur.

Neben der angewandten Forschungs- und Entwicklungsarbeit in der Aquakultur beschäftigte sich Volker und seine Mitarbeiter im Institut für Fischforschung zusätzlich mit fischökologischen Untersuchungen, Fischbestandsaufnahmen in Fließgewässern und Seen und der Erstellung und Umsetzung von Bewirtschaftungskonzepten.
Eines der größten Projekte, welches im Jahr 2004 sehr erfolgreich abgeschlossen werden konnte, war dabei die Abfischung und Entleerung des Ranna-Stausees, wo etwa 20 t Fische abgefischt und umgesiedelt wurden. Auch auf diesem Gebiet fand er aufbauend auf seine reiche Erfahrung in der Fischerei und Schifffahrt immer wieder innovative Lösungsansätze und entwickelte neue Methoden. So ließ er beispielsweise riesige Ringwaaden bauen und begann schon früh damit, Elektrobefischungen von größeren Fließgewässern und in den Flachwasserzonen von Seen in der Nacht mit Licht durchzuführen, obwohl die geltenden Normen dies nicht vorsahen. Der Erfolg gab ihm Recht, wie eine Reihe von Kolleginnen und Kollegen feststellen konnte.
Volker Steiner war ein sehr großzügiger Mensch ohne Neid und Dünkel, der weit über den Tellerrand blickte. Er sprühte vor Ideen und verfolgte mit Vorliebe innovative Lösungsansätze entgegen geltender Konventionen. Dabei ging es ihm immer um die Sache. So konnte man mit ihm auch stundenlang über ein noch so banales Thema diskutieren. Es kam mitunter auch vor, dass sich seine Zeitgenossen und Mitarbeiter angesichts seiner Hartnäckigkeit in der Sache vor den Kopf gestoßen fühlten. Das machte er jedoch meist wett durch farbig und humorvoll erzählte Geschichten und Erlebnisse. Auch wenn Volker in letzter Zeit etwas ruhiger wurde, so war er doch bis zuletzt aktiv und visionär.

Steiner bei einem Einsatz (Mur)

Wir verlieren mit Volker „Guggi“ Steiner einen außergewöhnlichen Fischbiologen und einen lieben Kollegen, dessen Lücke auch nicht zu füllen sein wird. Wir vermissen Dich sehr und werden Dir stets ein ehrendes Andenken bewahren.

Nikolaus Schotzko

Martin Hochleithner

Literatur

Balon E.K., 1980: Early ontogeny of the European landlocked arctic charr – altricial form, *Salvelinus (Salvelinus) alpinus*. pp. 607-630. In: Balon E.K. (Ed.): Charrs – Salmonid fishes of the genus *Salvelinus*. W. Junk Publishers, The Hague. 928 pages.

Ceccuzzi P., Terova G., Brambilla F., Antonini M., Saroglia M., 2010: Observations of Eurasian perch (*Perca fluviatilis* L.) post-larvae growth performances reared in an illuminated floating cage in Varese lake (N-W Italy) over a two years period. Italian Journal of Animal Science, 9 (14): 65-72.

Einsele W., 1949: Planktonproduktion, Fischernten und Setzlingsaufzucht am Mondsee. Österreichs Fischerei, 2 (3): 46-50.

Furgała-Selezniow G., Skrzypczak A., Kucharczyk D., Kujawa R., Mamcarz A., Żarski D., Targońska K., 2014: Food selection of burbot (*Lota lota* L.) larvae reared in illuminated net cages in mesotrophic Lake Maróz (north-eastern Poland). Aquaculture International, 22: 41-52.

Ghan D., Sprules W.G., 1993: Diet, prey selection, and growth of larval and juvenile burbot, *Lota lota* (L.). J. Fish. Biol., 42: 47-64.

Gruber K., Steiner V., 1979: Der Seesaibling (*Salvelinus alpinus*) – Forschungsarbeiten zum Schutze einer der wichtigsten mitteleuropäischen Fischarten. Natur und Land, 5/6: 165-170.

Grabner M., Wieser W., Lackner R., 1981: The suitability of frozen and freeze-dried zooplankton as food for fish larvae: A biochemical test program. Aquaculture, 26: 85-94.

Hochleithner M., 2002: Die Quappe (*Lota lota* Linnaeus, 1758): Biologie und Aquakultur. pp. 23-38. In: Düver W. (Red.). Die Quappe (*Lota lota*) – Fisch des Jahres 2002. VDSF, Offenbach. 40 Seiten.

Hochleithner M., 2014: Lachsfische (Salmoniformes) – Biologie und Aquakultur. AquaTech Publications, Kitzbühel. 384 Seiten.

Hochleithner M., 2014: Karpfenfische (Cyprinidae) – Biologie und Aquakultur. AquaTech Publications, Kitzbühel. 348 Seiten.

Hopfensperger O., 1982: Fütterungsexperimente an Salmonidenlarven mit konserviertem Crustaceenplankton. Hausarbeit aus Zoologie, Universität Innsbruck. 49 Seiten.

Jäger T., Nellen W., Sell H., 1984: Beleuchtete Netzgehegeanlagen zur Aufzucht von Fischbrut bis zur Setzlingsgrösse. Berichte an das Institut für Meereskunde an der Christian-Albrechts-Universität Kiel, 126. 72 Seiten.

Mamcarz A., 1989: An attempt to assess effects of illuminated cage location on coregonid culture results. Act. Ichthyol. Piscat., 19 (2): 41-54.

Mamcarz A., Kujawa R., Furgała-Selezniow G., Kucharczyk D., 2001: Preliminary results of larval and fry asp (*Aspius aspius* L.) rearing in the illuminated cages. EAS, Special Publication, 30: 328-331.

McCauley E., 1984: The Estimation of the Abundance and Biomass of Zooplankton in Samples – A Manual on Methods for the Assessment of Secondary Productivity in Fresh Waters. IBP Handbook, 17: 228-265.

Medgyesy N., Wieser W., 1982: Rearing whitefish (*Coregonus lavaretus*) with frozen zooplankton by means of a new feeding apparatus. Aquaculture, 28: 327-337.

Müller M., Traar S., 2011: Zooplanktonuntersuchung zur Bestimmung des optimalen Renkenlarvenbesatztermines am Millstättersee. Fischereirevierverband, Spital an der Drau. 13 Seiten.

Schlemmer B., 1981: Untersuchungen über das Fressverhalten von See- und Bachsaiblingen unter kontrollierten Bedingungen. Hausarbeit aus Zoologie, Universität Innsbruck. 56 Seiten.

Schlott-Idl K., 1990: Quantitative Aspekte der Zooplanktonentwicklung in Waldviertler Fischteichen. Wiss. Mitt. Niederösterr. Landesmuseum, 7: 407-414.

Schotzko N., 1986: Bericht über einen Fütterungsversuch mit gefrostetem Crustaceenplankton an Äschen (*Thymallus thymallus*). IFF, Thaur. 70 Seiten (unveröffentlicht).

Schotzko N., Hochleithner M., Jagsch A., 2016: Dr. phil. Volker Steiner – ein Nachruf für einen außergewöhnlichen Fischbiologen. Österreichs Fischerei, 69 (1): 13-15.

Steiner V., 1972: Die Temperaturtoleranz des Seesaiblings (*Salvelinus alpinus* (L.); Pisces, Salmonidae). Diss. Universität Innsbruck. 149 Seiten.

Steiner V., 1984: Die Kultivierung des Seesaiblings – *Salvelinus alpinus* L. – Ein praxisnahes Forschungsprogramm am Institut für Fischforschung in Thaur/Tirol. Österreichs Fischerei, 37: 15-23.

Steiner V., 1984: Experiments Towards Improving the Culture of Arctic Charr (*Salvelinus alpinus* L.). In: Johnson L., Burns B. (Eds.): Biology of the Arctic Charr – Proceedings of the International Symposium on Arctic Charr, 1981 Winnipeg, Manitoba. Univ. Manitoba Press, Winnipeg. pp. 509-521.

Steiner V., 1985: Verfügbarkeit von Crustaceenplankton aus dem Heiterwanger See bei Reutte, durch den Einsatz großer Schleppnetze – Erprobungseinsatz im Sommer 1984. IFF, Thaur. 14 Seiten (unveröffentlicht).

Steiner V., 1987: Verfahren zur portionierten Fütterung von Fischen mit Plankton, sowie Einrichtung zu dessen Durchführung. Österreichisches Patentamt, Patentschrift Nr.: 383469. 7 Seiten.

Steiner V., 1989: Utilization of crustacean plankton from natural water in fish culture. In: DePauw N., Jaspers E., Ackefors H., Wilkins N. (Eds.): Aquaculture – A biotechnology in progress. EAS, Bredene. pp. 777-784.

Steiner V., 1992: Innovative Aquakultur – Setzlingsproduktion in beleuchteten Unterwassergehegen. Österreichs Fischerei, 45: 95-115.

Steiner V. (Ed.) et al., 1990: Pilotstudie zur Gewinnung von Naturplankton für die Grouper Aufzucht. Singapur, 1989/1990. IFF, Thaur. 103 Seiten (unveröffentlicht).

Steiner V. (Ed.) et al., 1997-1999: Projekt Weissensee – Fischökologisches Untersuchungsprogramm im Hinblick auf den Wiederaufbau und die gezielte Hege eines natürlichen Fischbestandes unter besonderer Berücksichtigung der heimischen Seeforelle. IFF, Innsbruck. 1-3. Jahresbericht 1996-1998, 51-81 Seiten (unveröffentlicht).

Steiner V. (Ed.) et al., 2000: Untersuchung des Crustaceenplanktons im Attersee und Irrsee im Hinblick auf die Fischerei. IFF, Innsbruck. Endbericht, 51 Seiten (unveröffentlicht).

Steiner V., Pechlaner R., 1975: Mark-recapture experiments with arctic char (*Salvelinus alpinus*) in Austrian lakes. EIFAC Technical, 23 (1) II: 672-688.

Steiner V., Schotzko N., Kletzl M., Kainz E., 1996: Ein Beitrag zur wirtschaftlichen Aufzucht kleiner, sensibler Fischlarven am Beispiel der Aalrutte (*Lota lota* L.). Österreichs Fischerei, 49 (7): 160-172.

Steiner V., Stampfer B., 2012: Die Hochgebirgsseen Tirols aus fischereilicher Sicht – Bestandsaufnahme und Kartierung. AquaTech Publications, Kitzbühel. 204 Seiten.

Streble H., Krauter D., 1988: Das Leben im Wassertropfen – Mikroflora und Mikrofauna des Süßwassers. Franckh-Kosmos Verlag, Stuttgart. 400 Seiten.

Tölg I. (Ed.) et al., 1981: Fortschritte in der Teichwirtschaft. Spezielle Methoden. Verlag Paul Parey, Hamburg. 175 Seiten.

Wieser W., Steiner V., 1983: Untersuchungen zur Nutzung des Zooplankton Tiroler Seen – Massenfang und kommerzielle Nutzung. Endbericht, Projekt TD1/F82. IFF, Thaur. 45 Seiten (unveröffentlicht).

Ziliukiene V, 2005: The diet of *Abramis brama* (L.) larvae reared in illuminated cages. Journal of Applied Ichthyology, 21: 406-409.

Die Hochgebirgsseen Tirols aus fischereilicher Sicht - Bestandsaufnahme und Kartierung

Volker Steiner & Bernd Stampfer
Softcover, 204 pp. ISBN: 978-3-902855-10-7

Das Hochgebirge Tirols weist über 1000 stehende Gewässer auf, ein Großteil allerdings eine Größe bei der eine Fischerei kaum in Frage kommen dürfte. Immerhin verbleiben noch mehr als 200 Seen, die auf Grund ihres Areals für die Fischerei in Betracht zu ziehen wären. Durch die vorliegende Bearbeitung sind gegenwärtig 65 Hochgebirgsseen relativ gut erfasst. Von diesen Seen weist heute rund die Hälfte einen Fischbestand auf. In vielen Fällen sind diese Bestände aber in einem Zustand, der keinen Anreiz für eine fischereiliche Nutzung bietet. Es besteht jedoch die Möglichkeit, Gewässer mit verwahr-losten Beständen durch gezielte Befischung, eventuell auch durch zusätzlichen Besatz zu sanieren und aufzuwerten. In letzter Zeit ist die Nachfrage nach Fischereimöglichkeiten im Bereich der Sport- bzw. Erholungsfischerei stark angewachsen, das Potential an Fischwässern in Tallagen jedoch weitgehend ausgeschöpft und durch Umwelteinflüsse stark eingeschränkt. Die Nutzung von Hochgebirgsseen als Fischwässer dient nicht nur der Fischereiwirtschaft, sie bietet auch gute Chancen für Gemeinden, Verbände, Bergbauern und andere Interessenten.

Das Fischereibuch Maximilians I. - Faksimile und Transkription

Martin Hochleithner & Wolfgang Hohenleiter
Hardcover, 200 pp. ISBN: 978-3-902855-14-5

Das Fischereibuch Maximilians I. von Habsburg aus dem Jahre 1504, geschrieben vom Jagdschreiber Wolfgang Hohenleiter, ist eines der ältesten erhaltenen gebliebenen Bücher über die Bewirtschaftung von Fischgewässern in Tirol und Umgebung. Es ist selbst nach mehr als einem Halben Jahrtausend immer noch von Bedeutung und Interesse. Kaiser Maximilian I. war nicht nur ein großer Ritter und Herrscher, sondern auch ein begeisterter Jäger und Fischer. Unter ihm kam es zu intensiven Bemühungen um Besatz, Hege, und Nutzung der Fischbestände. Motiv für diese Maßnahmen war einerseits die Freude am Fischfang, andererseits die Nutzung der Fischbestände für die Verpflegung des Landesherren und seines Gefolges. Die vorliegende Wiedergabe des Fischereibuches von Maximilian I., herausgegeben von Fischereimeister Martin Hochleithner, beinhaltet sowohl die Faksimile als auch die Transkription des Originals, das sich heute in der Österreichischen Nationalbibliothek in Wien befindet. Das historisch wertvolle Buch ist nicht nur für Angler und Fischer interessant sondern auch für Biologen, Historiker und Kunstliebhaber.